高等职业教育新工科系列教材·安全类专业系列

扫码查看资源

消防安全管理

主　编◎赵　宇　唐　超　淡　弘

副主编◎白　露　梁海欧　曾德明

U0659727

XIAOFANG

ANQUAN

GUANLI

北京师范大学出版集团
BEIJING NORMAL UNIVERSITY PUBLISHING GROUP
北京师范大学出版社

图书在版编目（CIP）数据

消防安全管理／赵宇，唐超，淡弘主编 . -- 北京 ： 北京师范大学出版社，2024.12. -- ISBN 978-7-303-30314-4

Ⅰ . TU998.1

中国版本图书馆 CIP 数据核字第 2024QV6897 号

XIAOFANG ANQUAN GUANLI

出版发行：北京师范大学出版社 https://www.bnupg.com
　　　　　北京市西城区新街口外大街 12-3 号
　　　　　邮政编码：100088
印　　刷：北京虎彩文化传播有限公司
经　　销：全国新华书店
开　　本：889 mm×1194 mm　1/16
印　　张：10.25
字　　数：253千字
版　　次：2024年12月第1版
印　　次：2024年12月第1次印刷
定　　价：39.80元

策划编辑：包　彤　　　　　　　　责任编辑：包　彤
美术编辑：焦　丽　　　　　　　　装帧设计：焦　丽
责任校对：包冀萌　　　　　　　　责任印制：赵　龙

编写人员名单

主　编：赵　宇　唐　超　淡　弘

副主编：白　露　梁海欧　曾德明

编　者：（按姓氏音序排列）

白　露（重庆建筑工程职业学院）

淡　弘（重庆能源工业技师学院）

何嘉怡（重庆市万州电子信息工程学校）

李红兰（重庆能源工业技师学院）

罗海林（重庆市万州区消防救援支队）

梁海欧（重庆市万州区消防救援支队）

史绪寅（重庆平湖金龙精密铜管有限公司）

唐　超（重庆安全技术职业学院）

曾德明（广西安全工程职业技术学院）

赵　宇（重庆安全技术职业学院）

张莹心（重庆能源工业技师学院）

　　党的二十大报告提出："坚持安全第一、预防为主，建立大安全大应急框架，完善公共安全体系，推动公共安全治理模式向事前预防转型。"近年来，全国各地都在深入学习贯彻习近平总书记关于安全生产和消防安全工作的重要论述，统筹好"防"和"消"，让社会更安全。消防工作的重点在于"预防为主，防消结合"。"防"在前端，"消"的压力就会减轻。这为新时代做好应急管理工作提供了遵循、指明了方向。

　　消防安全管理是公共安全管理的一项重要内容。在现代社会中，它的功能与作用日益凸显。随着工业化、信息化、城镇化、市场化、国际化进程的加速推进，各种传统的与非传统的公共安全问题彼此交织、相互影响，消防安全管理问题越来越突出。做好消防安全管理工作，既能保证社会主义现代化建设的顺利进行，又能保护公共财产和居民的生命安全。不断提升消防安全服务意识，着力提高消防安全管理水平，加强公民的整体消防安全意识，使群众真正意识到消防安全管理是"隐患险于明火，防范胜于救灾，责任重于泰山"，这样才能有效预防火灾和减少火灾危害，为社会经济发展、人民安居乐业创造良好的消防安全环境。

　　本书的内容结合最新的政策、法规、标准及实践经验，具有很强的针对性。本书在编写过程中将理论与实践相结合，更注重实际经验的应用。为了便于读者加深对本书内容的理解和应用，在每章正文前都有知识目标、能力目标、重点与难点，在每章正文后都有相应的思考与练习、职业技能训练。本书在每章中都加入了重要知识点的微课视频，并且有配套的课程资源，使教与学更轻松。

　　本书由赵宇、唐超、淡弘担任主编，白露、梁海欧、曾德明担任副主编。具体编写分工如下：赵宇编写第一章、第五章（合作），白露、曾德明编写第二章，淡弘、李红兰、张莹心、何嘉怡编写第三章，梁海鸥、罗海林、史绪寅编写第四章，唐超编写第五章（合作）；最后由赵宇负责全书的统稿和定稿工作。

　　本书适用于高等职业院校消防救援技术、安全技术与管理等各相关专业，也可作为建筑消防技术、化工安全技术、应急救援技术等专业学生及自学人员的参考用书。

在编写本书的过程中，编者吸纳了许多专家、学者的研究成果，参考了相关作者的文章和著作，在此表示由衷的感谢。

由于编者的学术水平和实践经验有限，书中难免存在疏漏和不妥之处，敬请各位读者批评指正。

作　者

2024 年 1 月

目

录

第一章　安全管理与消防管理

📎 知识目标

1. 掌握安全管理的定义、原则与方法。

2. 了解安全管理与消防安全管理的关系和区别。

3. 掌握事故、危险源与事故隐患的关系。

4. 理解消防安全管理的各项制度。

📎 能力目标

1. 能够根据不同的岗位确定不同的职责。

2. 能够运用安全管理与消防安全管理的方法和原则，解决实际工作中存在的安全问题。

3. 能够根据相关的事故案例，分析事故发生的原因。

📎 重点与难点

1. 事故、危险源与事故隐患的关系。

2. 事故的原因分析。

3. 不同机构、部门的消防安全管理职责。

第一节 安全管理基础

安全管理是管理者对安全生产进行的计划、组织、指挥、协调和控制的一系列活动，以确保劳动者和设备在生产过程中的安全，保证生产系统的良性运行，促进企业改善管理、提高效益，保障生产的顺利开展。"安全第一、预防为主、综合治理"是我国安全生产的根本方针，也是多年来实现安全生产的实践经验的科学总结，而做好安全管理工作则是贯彻落实该方针的基本保证。

一、安全管理

（一）安全管理的定义

安全管理（safety management）是管理科学的一个重要分支，是指为实现安全目标而进行的有关决策、计划、组织和控制等方面的活动。安全管理主要运用现代安全管理原理、方法和手段，分析和研究各种不安全因素，从技术上、组织上和管理上采取有力的措施，解决各种不安全问题和消除各种不安全因素，防止事故的发生。

（二）安全管理的产生与发展

安全管理是人类在各种生产活动中，按照安全科学所揭示的客观规律，对生产活动中的安全问题进行计划、组织、指挥、控制和协调等一系列活动，实现生产过程中人与机器设备、物料、环境的和谐，以达到安全生产的目标。

人类进行有效管理的历史，可以追溯到我国古代。在我国的古代典籍《周礼》《孟子》《孙子》中，都有对管理及其职能的不少精辟论述。18世纪下半叶，工业革命使工业生产产生了巨大变革，企业内部的分工协作使得企业管理应运而生。但是，管理成为一门学科是20世纪以后的事。1911年美国的古典管理学家泰勒的《科学管理原理》一书正式出版。该书主张通过分析研究企业的数据资料，发展科学的管理方法；主张对工人严格挑选和进行培训，以发挥其最大能力；主张明确分工，制定工作标准，有效利用人力、物力、财力等。

安全管理伴随着工业生产的出现，又随着生产技术水平和企业管理水平的发展而不断发展。1929年，美国的安全工程师海因里希发表了《工业事故预防》（*Industrial Accident Prevention*）一书，书中比较系统地介绍了当时的安全管理的思想和经验。该书是安全管理理论方面的代表性著作。随着工业生产的迅速发展，管理科学中新理论、新观点不断出现，安全管理内容也不断充实、发展。《工业事故预防》一书也差不多每10年修订1次，努力反映当时最新的安全管理理论和实践。

自中华人民共和国成立以来，工人成了社会主义企业的主人。党和政府对职工的安全与健康十分重视，确立了"安全第一，预防为主"的安全生产方针。在劳动条件不断改善的同时，我国建立健全各级安全管理组织机构，颁布了一系列安全生产法规、制度和标准。在安全管理实践过程中不断总结经验，我国的安全管理水平不断提高。

20世纪70年代末至80年代初，为了适应改革开放形势下的企业管理工作的需求，人们努力探索新的管理原则和方法。国外一些先进的管理理论、方法传到我国，国内的安全管理人员也积极研究适合我国国情的安全管理模式。行为科学的观点、现代管理科学的思想、系统安全的原则和方法使人们思想开阔。危险源辨识、安全目标管理、企业安全评价等新的安全管理方法在工业企业中逐渐推广；"企业负责，行业管理，国家监察，群众监督"的宏观安全管理体制已经形成。特别是以鞍山钢铁公司的"0123安全管理模式"为代表的、符合中国工业企业安全生产实际的安全管理模式的出现，反映了我国在安全管理理论和实践方面的迅速进步。

21世纪以来，我国一些学者提出了系统化的企业安全生产风险管理理论，认为企业安全生产管理是风险管理，管理的内容包括危险源辨识、风险评价、危险预警与监测管理、事故预防与风险控制管理及应急管理等。该理论将现代风险管理完全融入安全生产管理之中。

（三）安全管理的原则与方法

1. 安全管理的原则

根据正反两方面经验的科学总结，要做好企业的安全管理工作，必须遵循以下原则。

（1）"安全第一、预防为主、综合治理"原则。"安全第一、预防为主、综合治理"是我国安全生产的基本方针，这一方针反映了党和政府对安全生产规律的新认识，对于指导安全生产工作有着十分重要的意义，也是世界各国普遍遵循的原则。

①安全第一。"安全第一"是指在看待和处理安全同生产和其他工作的关系上，要突出安全，要把安全放在一切工作的首要位置。各级行政正职是安全生产的第一责任人，必须亲自抓安全生产工作，确保把安全生产工作列在所有工作的首位。要处理好安全生产与效益的关系，当二者发生矛盾时，应以安全为先。"安全第一"还应体现在安全生产与政绩考核的"一票否决"上，从而真正树立起"安全第一"的权威。

②预防为主。"预防为主"是对"安全第一"思想的深化。从安全管理这门学科发展的历程看，经历了事后控制到事前预防的发展过程，也就是所谓的"关口前移，重心下移"。要立足基层，建立起预教、预测、预报、预警等预防体系，以隐患排查治理和建设本质安全为目标，实现事故的预先防范体制。针对企业安全生产所涉及的一切方面、一切工作环节和不安全因素，依靠管理、装备和培训等有效的防范措施，把事故消灭在萌芽阶段。

③综合治理。随着社会经济的快速发展，生产经营活动面临的情况错综复杂，稍有疏忽就会酿成事故，且事故带来的破坏性越来越大。将"综合治理"纳入安全生产方针，标志着对安全生产的认识上升到一个新的高度。秉承"安全发展"的理念，从遵循和适应安全生产的规律出发，综合运用法律、经济、行政等手段，人管、法管、技防等多管齐下，并充分发挥社会、职工、舆论的监督作用，从责任、制度、培训等多方面着力，形成标本兼治、齐抓共管的格局。

"安全第一、预防为主、综合治理"是开展安全生产管理工作总的指导方针，是一个完整的体系，是相辅相成、辩证统一的整体。"安全第一"是原则，"预防为主"是手段，"综合治理"是方法。"安全第一"是"预防为主""综合治理"的统帅和灵魂，没有"安全第一"的思想，"预防为主"就失去了思想支撑，"综合治理"就失去了整治依据。"预防为主"是实现"安全第一"的根本途径，只有把安全生产的重点放在建立事故预防体系上，超前采取措施，才能有效防止和减少事故的发生。只有采取"综合治理"，才能实现人、机、物、环境的统一，实现本质安全，真正把"安全第一、预防为主"落到实处。

（2）"管生产必须管安全"原则。"管生产必须管安全"原则是我国安全生产最基本的准则之一，起着十分重要的作用。

企业法人和各级行政正职是安全生产的第一责任人，对本单位、本部门的安全生产负全责。其他管理人员都必须在承担生产责任的同时，对职责范围内的安全工作负责。

为了确保企业生产过程中的安全，各级生产管理人员在管生产的同时必须管安全，正确处理安全与生产的关系，保证安全法律法规、制度和安全技术措施的贯彻落实，真正做到"不安全不生产"。

（3）"三同时"原则。"三同时"原则是指建设工程的安全设施必须和主体工程同时设计、同时施工、同时投入生产和使用，这是党和政府多年来一直倡导的安全生产原则。

坚持"三同时"原则，可以促使企业按照安全规程和行业技术规范的要求，投资建设安全设施，避免因投资不足而随意减少或忽视对安全设施的投资，保证安全设施按质、按量、按时完成，为安全生产创造物质基础。

执行"三同时"原则必须做到下列几个方面：①有关部门在组织建设项目可行性论证时，必须同时对生产安全条件进行论证，不具备安全生产条件的不能立项；②设计单位在编制初步设计文件时，应同时编制安全设施的设计，不得随意降低安全设施的标准；③建设单位在编制建设项目计划和财务计划时，应将安全设施所需要的投资一并纳入计划；④施工单位必须按照施工图纸和设计要求施工，确保安全设施与主体工程同时施工、同时投入使用。

（4）"四不放过"原则。"四不放过"原则是指发生事故后，要做到事故原因未查清不放过，当事人未受到处理不放过，群众未受到教育不放过，整改措施未落实不放过。"四不放过"原则是我国事故管理的基本经验和原则，其出发点是预防事故。要充分利用事故这种反面教材，开展典型案例教育，研究和总结事故发生的规律，为制定安全技术措施提供依据。

2. 安全管理的方法

（1）安全管理计划方法。安全管理计划是指在安全管理范畴内进行的计划或筹划活动。安全管理计划的内容主要有目标、措施和步骤，以此来达到协调、合理地利用一切资源的目的。

（2）安全决策方法。安全决策根据安全决定和选择而作出，即安全决策的结果。安全决策是安全管理工作的核心部分，决定着企业的安全发展方向、轨道和效率，是各级安全管理者的主要职责，贯穿安全管理活动的全过程。

（3）安全管理组织方法。安全管理组织主要包括明确的责任和权利、人员选择与配备、制定和落实规章制度、信息沟通、与外界协调。安全管理组织机构的构成主要有安全工作指挥系统、安全检查系统和安全监督系统。

（4）安全激励方法。安全激励是利用人的心理因素和行为规律激发人的积极性，对人的行为进行引导，以改进其在安全方面的作用，达到改善安全状况的目的。其中，按激励形式不同，安全激励可分为经济物质激励、刑律激励、精神心理激励、环境激励和自我激励；按安全行为的激励原理不同，安全激励可分为外部激励和内部激励。

（5）安全管理控制方法。安全管理控制有两种策略：一是应用控制论的一般原理和方法研究，安全控制系统的内在结构上具有不易发生事故，且能承受人为操作失误、设备设施失效的影响，在事故发生后具有自我保护的能力，从而实现本质安全；二是在现代各类职业事故中，人的因素占70%～90%，因此，消除人的不安全因素是防止事故发生的重要策略。

（四）安全管理与企业管理、风险管理的关系

1. 安全管理与企业管理的关系

安全管理是企业管理的一个重要组成部分。它是对生产中一切人、物、环境的状态管理与控制，是一种动态管理。安全管理主要是组织实施企业安全管理规划，同时又是保证企业生产处于最佳安全状态的根本环节。一般来说，在企业其他各项管理工作中行之有效的理论、原则和方法，也基本上适用于企业的安全管理工作。

当前，企业安全管理出现的问题，主要是安全管理工作不能适应市场经济不断变化的新情况，缺乏有效的管理措施，这就需要企业加大人力、财力、物力的投入，尽快适应市场经济下的安全管理的需要，探索安全管理的新模式，努力提高各级管理人员的安全管理素质，狠抓安全生产责任制的落实，实行严格的目标管理，做好安全教育培训和安全检查工作，使安全管理工作步入正轨，最终达到安全管理的根本目的，防止伤亡事故的发生。

2. 安全管理与风险管理的关系

风险管理是指通过识别生产经营活动中存在的危险、有害因素，并运用定性或定量的统计分析方法确定其风险严重程度，进而确定风险控制的优先顺序和风险控制的措施，以达到改善安全生产环境、减少和杜绝安全生产事故的目标而采取的措施与规定。

风险分析、风险评价和风险控制是风险管理的三要素，它们的相互关系如图1-1所示。

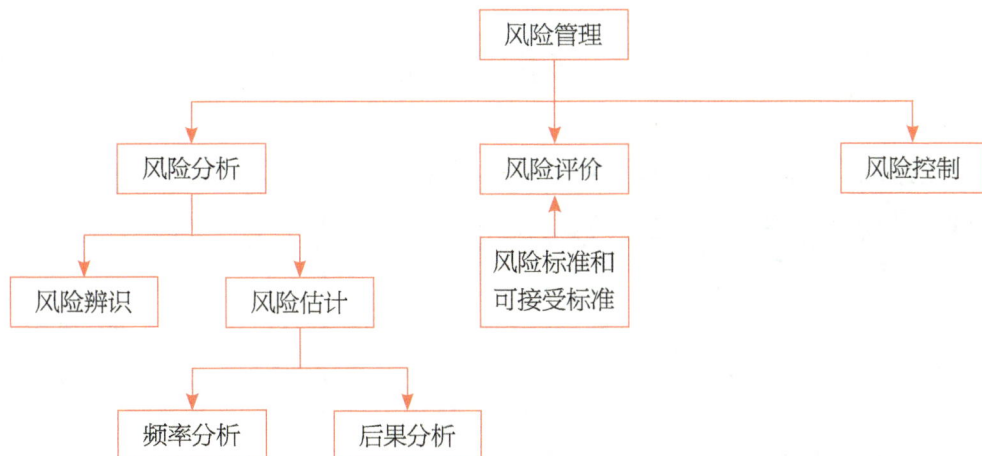

图 1-1　风险管理三要素的关系

风险管理的内容较安全管理广泛。风险管理的目标是尽可能地减少经济损失。安全管理强调的是减少事故，甚至消除事故，是将安全生产与人机工程相结合，给从业人员以最佳的工作环境。

二、安全和本质安全

安全与危险是相对概念，它们是人们在生产、生活中对是否可能遭受健康损害和人身伤亡的综合认识。安全泛指没有危险、不出事故的状态，即"无危则安，无缺则全"。按照系统安全工程的认识论，无论是安全还是危险，都是相对的。

（一）安全

生产过程中的安全即安全生产，是指不发生工伤事故、职业病、设备或财产损失的状态。按照系统工程中的安全的观念，安全是指生产系统中人员免遭不可承受危险的伤害。工程上的安全性是用概率表示的近似客观量，用以衡量安全的程度。

系统工程中的安全概念主要体现在：①认为世界上没有绝对安全的事物，任何事物都包含不安全因素，具有一定的危险性；②安全是一个相对的概念；③危险性是对安全性的隶属度，当危险性低于某种程度时，人们就认为是安全的，危险性（A）是对安全性（B）的隶属度，A+B=1，如危险性等于3%，安全性等于97%，即为安全；④安全工作贯穿系统的整个寿命期间。

（二）本质安全

本质安全是指通过设计等手段使生产设备或生产系统本身具有安全性，即使在误操作或发生故障的情况下也不会造成事故的功能。本质安全具体包括以下两个方面的内容。

1. "失误—安全"功能

这是指操作者即使操作失误，也不会发生事故或伤害，或者指设备、设施和技术工艺本身具有自动防止人的不安全行为的功能。

2. "故障—安全"功能

这是指设备、设施或生产工艺发生故障或损坏时，还能暂时正常工作或自动转变为安全状态。

上述两种安全功能应该是设备、设施和技术工艺本身固有的，即在规划设计阶段就被纳入其中，而不是事后补偿的。

本质安全就是通过追求企业生产流程中人、物、系统、制度等诸要素的安全可靠与和谐统一，使各种危害因素始终处于受控制状态，进而逐步趋近本质型、恒久型的安全目标。目前还很难做到本质安全，本质安全只能作为追求的目标。

三、安全生产

（一）安全生产的"五要素"

安全生产的"五要素"是指安全文化、安全法制、安全责任、安全科技和安全投入。

1. 安全文化

安全文化即安全意识，是存在于人们头脑中，支配人们行为是否安全的意识。对公民和职工要加强宣传教育工作，普及安全常识，强化全社会的安全意识，强化公民的自我保护意识；对领导干部，树立"以人为本"的执政理念，时刻把人民的生命财产安全放在首位，切实落实"安全第一、预防为主、综合治理"的安全生产方针；对行业和企业，要确立具有自己特色的安全生产管理原则，落实各种事故防范预案，加强职工安全培训，确立"不伤害自己、不伤害别人、不被别人伤害"的安全生产理念。

2. 安全法制

安全法制是指安全生产法律法规和安全生产执法。安全生产法律法规主要包括《中华人民共和国安全生产法》（以下简称《安全生产法》）以及相关法规和安全标准。行业、企业要结合实际建立和完善安全生产规章制度，将已被实践证明切实可行的措施和办法上升为制度和法规。逐步建立健全全社会的安全生产法律法规体系，用法律法规来规范政府、企业、职工和公民的安全行为，真正做到有章可循、有章必循、违章必究，体现安全法制的严肃性和权威性，使"安全第一"的思想观念真正落实到日常生产生活中。

3. 安全责任

安全责任主要是指做好安全生产的责任心。安全责任主要有两层含义：一是企业是安全管理的责任主体，企业法定代表人、企业"一把手"是安全生产的第一责任人。第一责任人要切实负起职责，要制定和完善企业安全生产方针和制度，层层落实安全生产责任制，完善企业规章制度，治理安全生产重大隐患，保障发展规划和新项目的安全"三同时"。二是各级政府是安全生产的监督管理主体，要切实落实地方政府、行业主管部门及出资人机构的监管责任，科学界定各级安全生产监督管理部门的综合监管职能，建立严格而科学合理的安全生产问责制，严格执行安全生产责任追究制度，深刻吸取事故教训。

4. 安全科技

安全科技是指安全生产科学与技术。安全科技的主要内容包括：①企业要采用先进的生产技术，组织安全生产技术研究开发；②国家要积极组织重大安全技术攻关，研究制定行业安全技术标准、规范；③积极开展国际安全技术交流，努力提高我国的安全生产技术水平。

5. 安全投入

安全投入是指保证安全生产必需的经费。安全投入的主要内容包括：建立企业、地方、国家多渠道的安全投资机制。企业是安全投资主体，要按规定从成本中列支安全生产专项资金，加强财务审计，确保专款专用。地方和国家要支持企业的设备更新与技术改造，要制定源头治本的经济政策，并严格依法执行。

（二）安全生产"五要素"之间的关系

安全生产"五要素"既相对独立，又是有机统一的整体，相辅相成且互为条件。

1. 安全文化是安全生产的根本

安全文化的最基本内涵就是人的安全意识。建设安全生产领域的安全文化，前提是要加强安全宣传教育工作，普及安全常识，强化全社会的安全意识，强化公民的自我保护意识。要真正做到警钟长鸣，居安思危，言危思进，常抓不懈。

2. 安全法制是保障安全生产的利器

保障安全生产需要建立和完善安全生产法规体系，需要强化安全生产法治建设。安全生产法规健全，安全生产法规能够落实到位，安全生产标准执行达标，是企业生产经营的最基本的要求和前提条件。

3. 安全责任是安全生产的灵魂

安全生产责任制是安全生产制度体系中最基础、最重要的制度。安全责任制的实质是"安全生产，人人有责"。建立和完善安全生产责任体系不仅要强化行政责任问责制，严格执行安全生产行政责任追究制度，还要依法追究安全事故罪的刑事责任，并随着市场经济体制的完善，强化和提高民事责任或经济责任的追究力度。

4. 安全科技是实现安全生产的手段

"科技兴安"是现代社会工业化生产的要求，是实现安全生产的最基本出路。安全是企业管理、科技进步的综合反映，安全需要科技的支撑，实现科技兴安是每个决策者和企业家应有的认识。安全科技水平决定安全生产的保障能力，因此，安全科技是事故预防的重要力量。只有充分依靠先进的科学技术，生产过程的安全才有根本的保障。

5. 安全投入是安全生产的基本保障

安全是生产力。安全生产的实现要靠投入的保障作为基础，提高安全生产的能力，需要为安全付出成本；安全的成本既是代价，更是效益。我国需要建立多元化的安全生产投入机制，但企业是安全投资的主体，要按规定从成本中列支安全生产专项资金，加强财务审计，确保专款专用。

四、事故与事故的原因

（一）事故及其相关概念

1. 事故

（1）事故的概念。《新华字典》（第12版）对"事故"的解释是"由于某种原因而发生的不幸事情，如工作中的死伤等"。在事故的种种定义中，伯克霍夫的定义较权威。伯克霍夫认为，事故是人（个人或集体）在为实现某种意图而进行的活动过程中，突然发生的、违反人的意志的，迫使活动暂时或永久停止，或迫使之前存续的状态发生暂时或永久性改变的事件。

（2）事故的分类。我国对于事故的分类方法有很多种。《生产安全事故报告和调查处理条例》（国务院令第493号）对生产经营活动中发生的造成人身伤亡或者直接经济损失的事件进行分类。根据生产安全事故造成的人员伤亡或者直接经济损失，事故一般分为以下几个等级。

①**特别重大事故**。特别重大事故是指造成30人以上死亡，或者100人以上重伤（包括急性工业

微课：事故的
分类

中毒，下同），或者1亿元以上直接经济损失的事故。

②**重大事故**。重大事故是指造成10人以上30人以下死亡，或者50人以上100人以下重伤，或者5 000万元以上1亿元以下直接经济损失的事故。

③**较大事故**。较大事故是指造成3人以上10人以下死亡，或者10人以上50人以下重伤，或者1 000万元以上5 000万元以下直接经济损失的事故。

④**一般事故**。一般事故是指造成3人以下死亡，或者10人以下重伤，或者1 000万元以下直接经济损失的事故。

该等级标准中所称的"以上"包括本数，所称的"以下"不包括本数。

在《企业职工伤亡事故分类》（GB/T 6441—1986）中，综合考虑起因物、致害物、伤害方式等各类因素，将企业工伤事故分为20类，分别为物体打击、车辆伤害、机械伤害、起重伤害、触电、淹溺、灼烫、火灾、高处坠落、坍塌、冒顶片帮、透水、放炮、火药爆炸、瓦斯爆炸、锅炉爆炸、容器爆炸、其他爆炸、中毒和窒息、其他伤害。

2. 事故隐患

事故隐患是指作业场所、设备及设施的不安全状态，人的不安全行为，环境的不安全因素，以及管理上的缺陷。事故隐患是引发安全事故的主要原因。

事故隐患分为一般事故隐患和重大事故隐患。**一般事故隐患**是指危害和整改难度较小，发现后能够立即整改排除的隐患。**重大事故隐患**是指危害和整改难度较大，应当全部或者局部停产停业，并经过一定时间整改治理方能排除的隐患；或者因受外部因素影响，生产经营单位自身难以排除的隐患。

企业、政府和公众等多方综合性地开展隐患辨识、评价、消除、整改、监控等活动与措施，使生产安全系统的事故风险处于可接受水平的过程，即隐患治理。

（二）事故的原因

事故的原因分为直接原因和间接原因。**直接原因**是指直接导致事故发生的根本原因，**间接原因**是指事故的直接原因得以产生和存在的原因。在分析事故时，应从直接原因入手，逐步深入间接原因，从而掌握事故的全部原因，再分清主次，进行责任分析。

微课：事故的原因

在进行事故原因调查时，通常按照以下步骤进行分析：①整理和阅读调查材料；②分析伤害方式，从受伤部位、受伤性质、起因物、致害物、伤害方式、不安全状态、不安全行为几个方面进行分析；③确定事故的直接原因；④确定事故的间接原因。

1. 事故的直接原因

《企业职工伤亡事故经济损失统计标准》（GB/T 6721—1986）规定，属于下列情况者为直接原因：人的不安全行为和物的不安全状态。二者在《企业职工伤亡事故分类》（GB/T 6441—1986）中有所规定，具体总结如下。

（1）**人的不安全行为**。此部分包括：①操作错误，忽视安全，忽视警告；②造成安全装置失效；

③使用不安全设备；④手代替工具操作；⑤物体（指成品、半成品、材料、工具、切屑和生产用品等）存放不当；⑥冒险进入危险场所；⑦攀、坐不安全位置（如平台护栏、汽车挡板、吊车吊钩）；⑧在起吊物下作业、停留；⑨机器运转时加油、修理、检查、调整、焊接、清扫等工作；⑩有分散注意力行为；⑪ 在必须使用个人防护用品用具的作业或场合中，忽视其使用；⑫ 不安全装束；⑬ 对易燃、易爆等危险物品处理错误。

（2）物的不安全状态。此部分包括：①防护、保险、信号等装置缺乏或有缺陷；②设备、设施、工具、附件有缺陷；③个人防护用品用具缺少或有缺陷；④生产（施工）场地环境不良。

2. 事故的间接原因

事故的间接原因主要为管理上的缺陷，包括：①技术和设计上有缺陷——工业构件、建筑物、机械设备、仪器仪表、工艺过程、操作方法、维修检验等的设计，施工和材料的使用存在问题；②教育培训不够，操作工未经培训，缺乏或不懂安全操作技术知识；③劳动组织不合理；④对现场工作缺乏检查或指导错误；⑤没有安全操作规程或规程不健全；⑥没有或不认真实施事故防范措施，对事故隐患整改不力；⑦其他。

五、危险、危险源与危险有害因素

（一）危险

根据系统安全工程的观点，危险是指系统中存在导致发生不期望后果的可能性超过了人们的承受程度。从危险的概念可以看出，危险是人们对事物的具体认识，必须指明具体对象，如危险环境、危险状态、危险场所、危险因素等。

一般情况下，用风险度来表示危险的程度。在安全生产管理中，风险度通常由发生事故的可能性和严重性决定，可用公式表示为：

$$R=f(F, C)$$

式中：R 为风险度，F 为发生事故的可能性，C 为发生事故的严重性。

在生产经营单位，安全管理的危险主要体现在人、机、环境和管理4类。

（二）危险源

从安全生产的角度解释，危险源是指可能造成人员伤害和疾病、财产损失、作业环境破坏或其他损失的根源或状态。

根据危险源在事故发生发展过程中的作用，危险源分为第一类危险源和第二类危险源两大类。

第一类危险源是指生产过程中存在的，可能发生意外释放的能量（能源或能量载体）或危险物质。第一类危险源决定了事故后果的严重程度。它具有的能量越多，事故的后果越严重。为了防止第一类危险源导致事故，必须采取措施限制能量或危险物质，控制危险源。

第二类危险源是指可能导致能量或危险物质约束或限制措施破坏或失效的各种因素，通常包括物

微课：危险源
与事故隐患

的故障、人的失误和环境因素（环境因素引起物的故障和人的失误）。第二类危险源决定了事故发生的可能性。它出现得越频繁，发生事故的可能性越大。

在企业安全管理工作中，第一类危险源客观上已经存在，并且在设计、建设时已经采取了必要的安全控制措施。因此，企业安全工作的重点是第二类危险源的控制。关于危险源，本书将在后续章节中进行详细介绍。

（三）重大危险源

为了对危险源进行分级管理，防止重大事故发生，提出了重大危险源的概念。广义上，重大危险源就是指可能导致重大事故发生的危险源。

《危险化学品重大危险源辨识》（GB 18218—2018）和《安全生产法》对重大危险源作出了明确的规定。《安全生产法》第一百一十七条第二款中："重大危险源，是指长期地或者临时地生产、搬运、使用或者储存危险物品，且危险物品的数量等于或者超过临界量的单元（包括场所和设施）。"

单元内存在的危险品的数量根据处理危险品种类的多少，分为以下两种情况。

第一种：单元内存在的危险品为单一品种时，该危险品的数量即为单元内危险品的总量；若等于或超过相应的临界量，则定为重大危险源。

第二种：单元内存在的危险品为多品种时，按下式计算。若满足下式，则定为重大危险源。

$$\frac{q_1}{Q_1}+\frac{q_2}{Q_2}+\cdots+\frac{q_n}{Q_n}\geq 1$$

式中：q_1，q_2，…，q_n 是每种危险品的实际存在量（单位：吨）；Q_1，Q_2，…，Q_n 是与各危险品相对应的临界量（单位：吨）。

（四）危险和有害因素

1. 危险和有害因素的定义

危险因素是指能对人造成伤亡或对物造成突发性损害的因素。有害因素则是指能影响人的身体健康、导致疾病发生，或对物造成慢性损害的因素。通常，可对人造成伤亡、影响人的身体健康甚至导致疾病的因素称为危险和有害因素。

2. 危险和有害因素的分类

生产过程中存在的危险和有害因素是导致事故发生的根源和状态。因此，熟悉生产过程中的危险和有害因素是十分必要的。

根据《生产过程危险和有害因素分类与代码》（GB/T 13861—2022）中的规定，按导致事故的原因分类，将生产过程中的危险有害因素分为 4 大类。

参照事故类别，将企业工伤事故分为 20 类，具体如表 1-1 所示。

文件：《生产过程危险和有害因素分类与代码》

表 1-1　危险有害因素的分类

分　类	内　容
物体打击	失控物体的惯性力造成的人身伤害事故，如落物、滚石、锤击、碎裂、崩块、砸伤等造成的伤害，不包括爆炸、主体机械设备、车辆、起重机械、坍塌等引发的物体打击
车辆伤害	本企业机动车辆引起的机械伤害事故，如机动车辆在行驶中的挤、压、撞车或倾覆等事故，不包括起重设备提升、牵引车辆和车辆停驶时发生的事故
机械伤害	机械设备与工具引起的绞、辗、碰、割、戳、切等伤害，不包括车辆、起重机械引起的机械伤害
起重伤害	从事起重作业时引起的机械伤害事故，包括各种起重作业引起的机械伤害，但不包括触电、检修时制动失灵引起的伤害、上下驾驶室时引起的坠落式跌倒
触电	电流流经人体，造成生理伤害的事故，适用于触电、雷击伤害
淹溺	因大量水经门、鼻进入肺内，造成呼吸道阻塞，发生急性缺氧而窒息死亡的事故，包括高处坠落淹溺，不包括矿山、井下透水淹溺
灼烫	火焰烧伤、高温物体烫伤、化学灼伤（酸、碱、盐、有机物引起的体内外灼伤）、物理灼伤（光、放射性物质引起的体内外灼伤），不包括电灼伤和火灾引起的烧伤
火灾	造成人身伤亡的企业火灾事故，不适用于非企业原因造成的火灾，如居民火灾蔓延到企业
高处坠落	因人体所具有的危险重力势能引起的伤害事故，适用于在脚手架、平台、陡壁等高于地面的施工作业场合，同时也适用于因地面作业踏空失足坠入洞、坑、沟、升降口、漏斗等情况，但不包括以其他事故类别作为诱发条件的坠落事故，如触电坠落事故
坍塌	物体在外力或重力作用下，超过自身的强度极限或因结构稳定性破坏而造成的事故，不适用于矿山冒顶片帮事故，或因爆炸、爆破引起的坍塌事故
冒顶片帮	矿井工作面、巷道侧壁由于支护不当、压力过大造成的坍塌（称为片帮），顶板垮落称为冒顶
放炮	爆破作业中造成的伤亡事故
透水	矿山、地下开采或其他坑道作业时，意外水源带来的伤亡事故
火药爆炸	火药与炸药生产过程中，如配料、运输、贮藏等发生的爆炸事故
瓦斯爆炸	可燃性气体瓦斯、煤尘与空气混合形成了达到燃烧极限的混合物，接触火源时，引起的化学性爆炸事故
锅炉爆炸	锅炉发生的物理性爆炸事故
容器爆炸	压力容器超压而造成的爆炸事故
其他爆炸	凡不属于火药爆炸、瓦斯爆炸、锅炉爆炸、容器爆炸的爆炸事故
中毒和窒息	在生产条件下，有毒物进入人体引起危及生命的急性中毒，以及在缺氧条件下发生的窒息事故
其他伤害	凡不属于前面各项的伤亡事故均列为其他伤害，如扭伤、跌伤、冻伤等

六、海因里希法则

海因里希法则（Heinrich's Rule）又称海因里希安全法则、海因里希事故法则或海因法则，是美国著名安全工程师海因里希提出的 300∶29∶1 法则，如图 1-2 所示。

微课：海因
里希法则

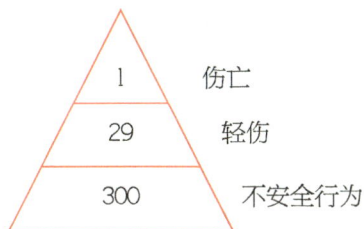

图 1-2　海因里希法则

这个法则的意义：当一个企业有 300 起隐患或违章，可能将发生 29 起轻伤或故障，另外还有 1 起重伤、死亡事故。

海因里希法则是海因里希通过分析工伤事故的发生概率，为保险公司的经营提出的法则。这一法则完全可以用于企业的安全管理，即在 1 起重大的事故背后必有 29 起轻度的事故，还有 300 起潜在的隐患或违章。

这个法则是 1941 年海因里希通过统计许多灾害后得出的。当时，海因里希统计了 55 万起机械事故。其中，死亡或重伤事故 1 666 起，轻伤 48 334 起，其余则为无伤害事故。从而得出一个重要结论，即在机械事故中，死亡或重伤、轻伤、无伤害事故的比例为 1∶29∶300。国际上把这一法则称为事故法则。

对于不同的生产过程和不同类型的事故，上述比例关系不一定完全相同，但这个统计规律说明了在进行同一项活动时，无数次意外事件可能会导致重大伤亡事故的发生。要防止重大事故的发生，必须减少和消除无伤害事故，要重视事故的苗头和未遂事故，否则终会酿成大祸。

例如，某机械师试图用手把皮带挂到正在旋转的皮带轮上，因未使用拨皮带的杆，且站在摇晃的梯板上，又穿了一件宽大的长袖的工作服，结果被皮带轮绞入碾死。事故调查结果表明，他这种上皮带的方法使用已有数年之久。查阅他近 4 年的病志（急救上药记录），发现他有 33 次手臂擦伤后治疗处理记录。这一事例说明，重伤和死亡事故虽有偶然性，但是不安全因素或动作在事故发生之前已暴露过许多次。如果在事故发生之前，抓住时机及时消除不安全因素，许多重大伤亡事故是完全可以避免的。

第二节　安全管理制度

一、安全管理制度概述

（一）安全管理制度的地位

常言道："无规矩，不成方圆。"安全管理在企业生产经营活动中处于非常重要的地位，是生产经营活动不可或缺的一项管理，为生产经营保驾护航。可以说，只要安全管理做到位，企业安全生产事故的发生概率就会大大地减少。这不仅有利于企业的生产经营活动，而且对树立和提高企业的外部形象也有着十分重要的意义。

安全管理重在人、机、环境和管理4个要素，而人是核心要素。有关资料显示，近年来所发生的事故绝大部分是由人的因素造成的。因此，要实现安全管理，管好人是重中之重。要管好人，安全管理制度是核心，安全生产责任制度更是核心中的核心。

（二）安全管理制度的分类

安全体现全员、全过程的管理，体现设备、工艺、电气、土建等各专业的管理。安全管理制度主要包括综合管理制度和技术管理制度，如安全生产责任制度、安全教育制度、建设项目安全"三同时"制度、安全检查制度、安全奖惩制度、安全维修制度、事故隐患与排查制度等综合管理制度，工艺安全管理制度、设备安全管理制度、承包商安全管理制度、人员行为安全管理制度、作业过程安全管理制度、特种作业管理制度、重大危险源管理制度、厂区交通安全管理制度、消防管理制度和安全操作规程等技术管理制度。安全管理不但要从手段和技术上使物处于安全状态，更要通过制度来规范人的不安全行为，从而在人、机、环境和管理4个方面采取措施，斩断事故发生的各个链条，进而杜绝生产安全事故的发生。

（三）安全管理制度的作用

安全管理制度是安全管理过程的法宝，在安全管理过程中起着不可替代的作用，主要包括以下几个方面。

1. 明确安全生产职责

以制度的形式，明确企业各级各类人员、各级部门的安全生产职责，使全体从业人员知道"干什么"和"怎么干"，以及"由谁来干"，避免相互推诿，实现各在其位、各司其职、各负其责。

2. 规范人员的安全行为

企业的安全生产规章制度和操作规程，规定了生产操作时应"怎样干"，有利于提高人员的操作水平和技能，避免不安全行为导致事故的发生。

3. 建立和维护安全生产秩序

企业明确规定了贯彻执行国家安全生产法规的具体方法、生产的工艺规程和安全操作规程等安全生产规章制度，使企业建立安全生产的秩序。企业建立的安全管理制度、安全生产制约机制，能有效制止违章和违纪行为，激励员工自觉、严格地遵守国家安全生产法律法规和该企业的安全生产规章制度，有利于企业完善安全生产条件，维护安全生产的秩序。

二、安全生产责任制度

（一）安全生产责任制度的概念

所谓安全生产责任制度，就是各级领导对本单位安全生产工作所负的总的领导责任，以及各级专业技术人员、职能科室和生产（经营）人员在各自的职责范围内对安全生产工作应负的责任。

安全生产责任制度的实质是"安全生产，人人有责"，核心是切实加强对安全生产的领导，建立各级、各部门行政领导为第一责任人的制度，按照安全生产方针和"管生产必须管安全""谁主管安全谁负责安全"的原则，将各级管理人员、各职能部门及其工作人员和岗位生产人员在安全管理方面应做的事情和应负的责任加以明确规定。《安全生产法》第五条明确规定："生产经营单位的主要负责人是本单位安全生产第一责任人，对本单位的安全生产工作全面负责。其他负责人对职责范围内的安全生产工作负责。"所以，企业必须针对本单位的实际情况，建立、健全、完善安全生产责任制并予以落实。也只有这样，才能确保生产安全、顺利进行，才能真正实现"实施安全生产法，人人事事保安全"。

（二）安全生产责任制度的内容

1. 生产经营单位各级人员的责任

（1）厂长（经理）的安全生产职责。厂长（经理）的安全生产职责包括：①厂长（经理）为企业的安全生产的第一负责人，对本企业安全生产全面负责，外出期间应指定安全生产代理责任人负责安全工作；②认真贯彻执行国家安全生产方针、政策、法律、法规，把安全工作列入企业管理的重要议事日程，亲自主持重要的安全生产工作会议，批阅上级有关安全方面的文件，签发有关安全工作的重大决定；③负责落实各级安全生产责任制，督促检查同级副职和所属单位行政正职，抓好安全生产工作；④建立健全安全管理机构，严格按照国家的规定配备安全生产管理人员；⑤组织审定并批准企业安全规章制度、安全技术规程和重大的安全技术措施，解决安全技术措施费用；⑥按规定和事故处理的"四不放过"原则，组织对事故的调查处理；⑦加强对各项安全活动的领导，决定安全生产方面的重要奖惩；⑧保证本单位安全生产投入的有效实施。

（2）副厂长（副经理）的安全生产职责。副厂长（副经理）在厂长（经理）的领导下，对分管业务范围内的安全生产负责。其职责包括：①贯彻"五同时"的原则，即在计划、布置、检查、总结、评比生产工作的同时，计划、布置、检查、总结、评比安全工作，监督检查分管部门对安全生产各项规章制度的执行情况，及时纠正失职和违章行为；②组织制订、修订分管部门的安全生产规章制度、安全技术规程和编制安全技术措施计划，并认真组织实施；③组织分管业务范围内的安全生产大检查，落实重大事故隐患的整改；④组织分管部门开展安全生产竞赛活动，总结推广安全生产工作的先进经验，奖励先进单位和个人；⑤负责分管部门的安全生产教育与考核工作；⑥规定职责范围内的组织事故的调查处理，并及时向上级报告；⑦定期召开分管部门安全生产工作会议，分析安全生产动态，及时解决生产过程中存在的问题。

（3）总工程师、副总工程师的安全生产职责。总工程师对企业生产中的安全技术问题全面负责，副总工程师对分管业务范围内的安全技术问题负责。其职责包括：①组织开展技术研究工作，积极采用先进技术和安全防护装置，组织研究落实重大事故隐患的整改方案；②在组建新厂、安装新装置以及技术改造项目的设计、施工和投产时，做到安全卫生设施与主体工程同时设计、同时施工、同时投产；③审查企业安全技术规程和安全技术措施项目，保证技术上切实可行；④负责组织制订生产岗位尘毒等有害物质的治理方案、规划，使之达到国家标准；⑤参加事故的调查处理，采取有效措施，防止事故重复发生。

（4）**车间主任、副主任**的安全生产职责。车间主任对本部门安全生产全面负责，副主任对分管业务的安全工作负责。其职责包括：①保证国家安全生产法规和企业规章制度在本车间贯彻执行，把安全生产工作列入议事日程，做到"五同时"；②组织制订并实施车间安全生产管理规定、安全技术操作规程和安全技术措施计划；③组织对新工人（包括实习、代培人员）进行车间安全教育和班组安全教育，对职工进行经常性的安全思想、安全知识和安全技术教育；④开展岗位技术练兵，并定期组织安全技术考核；⑤组织并参加每周1次的班组安全活动日，及时处理工人提出的意见；⑥组织全车间安全检查，落实隐患整改，保证生产设备、安全装备、消防设施、防护器材和急救器具等处于完好状态，并教育职工正确使用；⑦及时报告本车间发生的事故，注意保护现场；⑧建立本车间安全管理网，配备合格的安全技术人员，充分发挥车间和班组安全人员的作用。

（5）**班组长（工段长）**的安全生产职责。班组长（工段长）的安全生产职责包括：①贯彻执行企业和车间对安全生产的规定与要求，全面负责本班组（工段）的安全生产；②组织职工学习并贯彻执行企业、车间各项安全生产规章制度和安全技术操作规程，教育职工遵纪守法，制止违章行为；③组织并参加安全活动，坚持班前讲安全、班中检查安全、班后总结安全；④负责对新工人（包括实习、培训人员）进行岗位安全教育；⑤负责班组安全检查，发现不安全因素及时组织力量消除，并报告上级，发生事故立即报告，并组织抢救，保护好现场，做好详细记录；⑥做好生产设备、安全装备、消防设施、防护器材和急救器具的检查与维护工作，使其经常保持完好和正常运行；⑦督促和教育职工合理使用劳动保护用品、用具，正确使用灭火器材。

（6）**车间安全人员**的安全生产职责。车间安全人员的安全生产职责包括：①车间安全人员在车间主任的领导下，负责车间的安全生产工作，协助车间主任贯彻上级安全生产的指示和规定，并检查督促执行；②负责或参与制定车间有关安全生产管理制度和安全技术操作规程，并检查执行情况；③负责编制车间安全技术措施计划和隐患整改方案，并及时上报和检查落实；④做好职工的安全思想、安全技术教育与考核工作，负责新入厂人员的二级安全教育，督促检查班组、岗位三级安全教育；⑤参加车间新建、改建、扩建工程的设计审查、竣工验收和设备改造、工艺条件变动方案的审查，使之符合安全技术要求，落实装置检修停工、开工的安全措施；⑥负责车间安全设备、灭火器材、防护器材和急救器具的管理，掌握车间情况，提出改进建议；⑦每天要深入检查，及时发现隐患，制止违章作业。

（7）**工人**的安全生产职责。工人的安全生产职责包括：①认真学习和严格遵守各项规章制度，不违反劳动纪律，不违章作业，对本岗位的安全生产负直接责任；②精心操作，严格遵守工艺纪律，做好各项记录，交接班时必须交接安全情况；③正确分析、判断和处理各种事故隐患，把事故消灭在萌芽状态，如发生事故，要正确处理，及时、如实地向上级报告，保护现场，并做好详细记录；④按时认真进行巡回检查，发现异常情况及时处理和报告；⑤正确操作，精心维护设备，保持作业环境整洁，文明生产；⑥必须按规定着装上岗，妥善保管和正确使用各种防护器具与灭火器材；⑦积极参加各种安全活动；⑧有权拒绝违章作业的指令，对他人违章作业应加以劝阻和制止。

2. 各部门的安全职责

（1）安全技术部门的安全职责。安全技术部门的安全职责包括：①贯彻、执行安全生产法律、法规、制度和标准，协助第一安全责任人组织、推动本企业的安全管理工作；②组织制订、修订、审查安全技术规程、安全鉴定及劳动防护安全用品标准，并监督执行；③严格按标准检验原材料及产品，并做好记录，出具相关检验报告，完善质量台账；④协助、指导生产技术部门解决生产中出现的技术问题，提出改善、稳定产品质量的措施并负责跟踪；⑤收集、整理、保管好公司的各种技术资料，防止损坏、遗失；⑥经常进行现场安全检查，指导班组安全工作，发现违章行为，及时制止；⑦指导企业各单位的安全工作，协助各单位编制各岗位安全操作规程；⑧负责对特种设备进行监察，参加安全装置的校验、监督，并做好档案记录；⑨负责公司产品售后技术服务工作，协助业务部解决客户提出的技术及产品质量问题，对客户因质量问题退货的产品提出处理意见；⑩按规定做好运作样品的抽检、封存，负责公司产品调色和样板制作。

（2）生产技术部门的安全职责。生产技术部门的安全职责包括：①对企业各车间的生产工艺中的安全技术工作全面负责；②编制、修订工艺技术指针、工艺操作规程，务必贴合安全生产要求，对工艺技术指针和工艺操作规程执行状况进行检查、监督和考核，参与安全技术操作规程的修订；③负责生产技术革新，厂房、设备改造和新产品开发的同时，提出保证安全生产的技术措施；④提供企业产品生产原料、产品（中间产品）的理化性质和安全防护方法；⑤负责工艺和工艺操作原因引起的事故的调查、分析、统计、上报，并制定防范措施；⑥负责定期组织工艺技术方面的专项安全检查，发现隐患后，及时制订整改方案，报总工程师审批后实施；⑦遇到生产中的异常状况，应及时处理，危险紧急状况可先处理、后报告，但严禁违章指挥。

（3）设备和动力部门的安全职责。设备和动力部门的安全职责包括：①负责对公司的机械、动力、化工设备、仪表、管道、通风排风设施、生产性建筑物，以及防雷、防静电装置的安全管理；②负责组织对化工设备、消防安全装置的维护、定期检测、检验、校验工作；③制订或审定有关设备采购计划、设备改造方案；④组织编制设备、动力装置的大、中修项目的安全措施计划和安全实施工期方案，确保大、中修工程的安全和质量；⑤负责对设备、动力事故的调查、分析、统计和上报工作，参加有关设备、动力重大事故的处理。

（4）消防救援机构的安全职责。消防救援机构的安全职责包括：①负责公司内易燃易爆危险品的安全管理，以及消防设施的管理；②根据公司的生产经营特点制订消防工作计划；③经常进行防火宣传教育，负责对义务消防人员的培训教育，定期组织有关人员进行防火检查和火灾应急救援演习；④编制、修订公司的消防管理制度，并监督执行；⑤参加建筑设计防火的审核、验收工作；⑥负责消防设施、消防器材的购置计划、配备、检查、维护和管理；⑦事故发生时，组织消防人员扑灭火灾，负责对火灾事故的调查、处理、统计和上报工作。

（5）质量检验部门的安全职责。质量检验部门的安全职责包括：①组织制订、修订并监督执行安全技术规程和专业操作规程；②负责各种原料、生产中间体和产品的质量分析，提供准确的分析资料；③编制各种原料、生产中间体安全技术说明书和产品检验的安全操作规程；④负责产品质量事故的分析、调查、处理，监督发生事故的有关资料的测定和分析。

（6）**财务部门**的安全职责。财务部门的安全职责包括：①负责公司安全技术措施费用的监管，监督安全生产专项资金的使用，做到专款专用；②凡安全措施没有落实的技术措施项目，未经安全技术部门同意，不得拨款；③监督防护用品及职业病防治费用的合理使用。

（7）**采购部门**的安全职责。采购部门的安全职责包括：①严格按批准计划的品种、数量、产地采购物品；②采购危险化学品，应索要供货商危险化学品生产许可证或化学品经营许可证，不得从未取得危险化学品生产许可证或危险化学品经营许可证的单位采购危险化学品；③负责要求供货商对所送货品提供化学品安全技术说明书和化学安全标签；④不得采购国家明令禁止的危险化学品；⑤负责向供货商详细了解采购的化学品的危险特性，同时负责向运输部门、技术部门、使用部门说明；⑥负责将措施计划所需要的物资编入物资供应计划，按要求供应；⑦负责提供解决日常生产涉及安全问题所需的物资；⑧负责检查购入设备、配件及有关原材料的质量，使其务必符合国家或行业标准。

3. 党政同责，一岗双责，齐抓共管

安全生产"**党政同责**"，即党委、政府对本地区安全生产工作都负有同等的领导责任。党委和政府主要负责人对本地区安全生产工作负总责，政府主要负责人为本地区安全生产工作的第一责任人，担任本级政府安全生产委员会（以下简称"安委会"）主任；党委、政府班子成员按照职责分工，分别承担相应的安全生产工作职责。

安全生产"**一岗双责**"，即各级领导干部在履行岗位业务职责的同时，对职责范围内的安全生产工作负领导责任。主要负责人对安全生产工作负全面领导责任，分管安全生产的负责人对安全生产工作负综合监管领导责任，其他负责人对分管工作范围内的安全生产工作负直接领导责任。

强化安全生产"**齐抓共管**"，即按照"管行业必须管安全、管业务必须管安全、管生产经营必须管安全"的原则，严格落实专项监管部门和行业主管部门直接监管、安全监管部门综合监管、其他部门和单位协同监管、地方政府属地监管责任，严格落实企业安全生产的主体责任，这样才能做好分管领域和部门的安全生产工作。

三、生产安全事故调查与处理制度

安全管理工作中还有一个极为重要的环节，就是对已发生的事故进行调查处理。只有深入调查、对事故进行严格处理，才能准确地分析事故的原因和规律，从而有效地采取技术措施和管理措施，降低事故发生的概率或控制事故导致的后果。

为了规范生产安全事故的报告和调查处理，落实生产安全事故责任追究制度，防止和减少生产安全事故，根据《安全生产法》和有关法律的规定，国务院颁布了《生产安全事故报告和调查处理条例》，对生产经营活动中发生的造成人身伤亡或者直接经济损失的生产安全事故的报告和调查处理作出了明确规定。应急管理部门和生产经营单位都应据此建立健全并严格执行生产安全事故调查与处理制度，

确保生产安全事故调查与处理公开、公正、实事求是、有条不紊地进行。

（一）生产安全事故调查与处理的内涵

事故调查与事故处理是两项相对独立而又密切联系的工作。事故调查的任务主要是查明事故发生的原因和性质，分清事故的责任，提出防范类似事故的措施；事故处理的任务主要是根据事故调查的结论，对照国家有关法律法规，对事故责任人进行处理，落实防范类似事故重复发生的措施，贯彻"四不放过"原则的要求。

（二）生产安全事故调查与处理的意义

事故的发生既有它的偶然性，也有其必然性，并且具有因果性和规律性。如果事故隐患一直存在，事故发生的时间是偶然的，但实际上发生事故却是必然的。只有通过事故调查，才能找出事故发生的潜在条件，揭示新的或未被人注意的危险，确认管理系统的缺陷；只有通过事故调查，积累事故资料，才能为事故的统计分析及类似系统、产品的设计与管理提供信息，为生产经营单位或政府有关部门安全工作的宏观决策提供依据；也只有通过调查事故、科学分析事故原因、总结事故发生的教训和规律，才能提出有针对性的措施，警示后人，防止类似事故的再度发生，达到最佳的事故预防和控制效果。

（三）生产安全事故调查与处理的原则

《安全生产法》对生产安全事故调查与处理的原则和要求作出了严格的规定。概括地讲，生产安全事故调查与处理应遵守以下几条原则。

微课：生产安全事故调查与处理的原则

1. 实事求是、尊重科学的原则

对生产安全事故的调查与处理要揭示事故发生的内外原因，找出事故发生的机理，研究事故发生的规律，制定预防重复发生事故的措施，作出事故性质和事故责任的认定，依法对有关责任人进行处理。因此，生产安全事故调查处理必须以事实为依据，以法律为准绳，严肃认真地对待，不得有丝毫的疏漏。

2. "四不放过"的原则

"四不放过"是指事故原因没有查清不放过，事故责任者没有严肃处理不放过，广大群众没有受到教育不放过，防范措施没有落实不放过。这几个方面互相联系、相辅相成，成为预防事故再次发生的防范系统。

3. 公正、公开的原则

公正就是以事实为依据，以法律为准绳，既不准包庇事故责任人，也不得借机进行打击报复，更不得冤枉无辜。公开就是对事故调查处理的结果要在一定范围内公开，以引起全社会对安全生产工作的重视，吸取事故的教训。

4. 分级分类调查处理的原则

生产安全事故的调查与处理要依照事故的分类和级别来进行。生产安全事故的调查和处理要按照《生产安全事故报告和调查处理条例》及其他有关的法律、法规的规定进行。

（四）生产安全事故调查与处理的内容

1. 生产安全事故的调查

（1）事故调查的目的。事故调查的目的主要有以下几方面：①满足法律的要求，收集违反法律的证据材料；②掌握事故发生的经过；③鉴定可能诱发事故发生的1个或多个原因（包括直接原因和间接原因）；④积累事故的研究资料，寻找事故发生的规律，并有针对性地制定防止事故发生的措施；⑤查清事故的责任者，以便进行教育和处理；⑥总结经验教训，提高安全生产意识，避免违章行为，促进企业发展。

（2）事故调查的任务。

①弄清事故发生的经过。人身伤害和财产损失的发生条件复杂，绝大多数过程是不能通过实验来重演的。因此，调查人员必须通过事故现场留下的痕迹、空间环境的变化、事故见证人的叙述、受害人的自述，对有关事故的原因和经过的内容进行整理，去伪存真，用简短的文字精确地表述出来。

②找出事故的原因。事故原因分析是事故调查工作的中心环节。事故的发生往往是多因素相互作用的结果。因此，事故调查的过程就是对造成事故的人为因素、管理因素、环境因素等进行综合分析，用科学的方法客观地提出与事故关联的各种因素，全面分析这些因素相互作用、相互联系的内在关系，揭示事故发生的真正原因。

③吸取事故的教训。通过对事故发生过程的调查和对事故原因的追查，会得到很多信息。这些信息会给人们以启迪，使人们接受很多教训，从而提高其安全意识，并使其学会预防同类事故所必需的知识、技术和技能。

④宏观研究事故的规律。事故调查资料应逐级上报，并构成各级安全监督监察部门的事故档案资料。利用这些资料进行科学研究和综合分析，可以发现事故发生的规律，为事故预防和政府决策提供依据。

⑤修正安全法规、标准，强化安全监察。事故调查由多个管理部门和专业人员共同完成。通过事故调查，管理人员和专业技术人员深入了解事故发生的原因，为建立健全各种安全法规、标准、安全措施、安全教育制度创造条件。

⑥分清事故的责任。通过事故调查，划清与事故事实有关的法律责任，运用法律手段对事故的责任者给予行政处分、经济处罚；构成犯罪的，由司法机关依法追究刑事责任。

⑦恢复、建立生产经营单位正常的生产秩序。安全事故，特别是伤亡事故，往往使职工悲伤和恐惧，对生产经营单位的正常生产十分不利。通过事故调查，找出事故的原因，并且有针对性地采取安全措施，可以使职工重新获得安全感。这些对于稳定职工情绪、恢复生产经营单位正常的安全生产秩序具有促进作用。

（3）事故调查组的组成和职责。

①事故调查组的组成。事故调查组的组成应当遵循精简、效能的原则。根据事故的具体情况，事故调查组由有关人民政府、负有安全生产监督管理职责的部门，以及负有安全生产监督管理职责的有关部门、监察机关、公安机关和工会派人组成，并应当邀请人民检察院派人参加。事故调查组可以聘

请有关专家参与调查。

事故调查组成员应当具有事故调查所需要的知识和专长，并与所调查的事故没有直接利害关系。

事故调查组组长主持事故调查组的工作。由政府直接组织事故调查组进行事故调查的，其事故调查组组长由负责组织事故调查的人民政府指定；由政府委托有关部门组织事故调查组进行事故调查的，其事故调查组组长也由负责组织事故调查的人民政府指定；由政府授权有关部门组织事故调查组进行事故调查的，其事故调查组组长确定可以在授权时一并进行。也就是说，事故调查组组长可以由有关人民政府指定，也可以由授权组织事故调查组的有关部门指定。

②事故调查组的职责。事故调查组应当履行下列职责：一是查明事故发生的经过、原因、人员伤亡情况及直接经济损失；二是认定事故的性质和事故责任；三是提出对事故责任者的处理建议；四是总结事故教训，提出防范和整改措施；五是提交事故调查报告。

事故调查组应当自事故发生之日起60日内提交事故调查报告；特殊情况下，经负责事故调查的人民政府批准，提交事故调查报告的期限可以适当延长，但延长的期限最长不超过60日。需要进行技术鉴定所需要的时间不计入上述调查期限。

2. 生产安全事故的处理

事故调查报告报送负责事故调查的人民政府后，事故调查工作即告结束。事故调查的有关资料应当归档保存。依照《生产安全事故报告和调查处理条例》规定的期限，人民政府及时作出批复，并督促有关机关、单位落实批复，包括对生产经营单位的行政处罚，对事故责任人行政责任的追究及整改措施的落实等。

（1）事故调查报告的批复和对事故责任者的处理。事故调查组是为了调查某一特定事故而临时组成的。不管是有关人民政府直接组织的事故调查组，还是授权或者委托有关部门组织的事故调查组，其形成的事故调查报告只有经过有关人民政府批复后才具有效力，才能被执行和落实。事故调查报告批复的主体是负责事故调查的人民政府。特别重大事故的调查报告由国务院批复，重大事故、较大事故、一般事故的事故调查报告分别由负责事故调查的有关省级人民政府、设区的市级人民政府、县级人民政府批复。

对于重大事故、较大事故、一般事故，负责事故调查的人民政府应当自收到事故调查报告之日起15日内作出批复；特别重大事故30日内作出批复；特殊情况下，批复时间可以适当延长，但延长的时间最长不超过30日。

有关机关应当按照人民政府的批复，依照法律、行政法规规定的权限和程序，对事故发生单位和有关人员进行行政处罚，对负有事故责任的国家工作人员进行处分。事故发生单位应当按照负责事故调查的人民政府的批复，对本单位负有事故责任的人员进行处理。负有事故责任的人员涉嫌犯罪的，依法移送司法机关追究刑事责任。

（2）事故调查报告中防范和整改措施的落实及其监督。事故调查处理的最终目的是预防和减少事故。事故调查组在调查事故时要查清事故经过、查明事故原因和事故性质，总结事故教训，并在事故调查报告中提出防范和整改措施。事故发生单位应当认真吸取事故教训，落实防范和整改措施，防止事故再次发生。防范和整改措施的落实情况应当接受工会和职工的监督。

安全生产监督管理部门和负有安全生产监督管理职责的有关部门，应当对事故发生单位负责落实防范和整改措施的情况进行监督检查。事故处理的情况由负责事故调查的人民政府或者其授权的有关部门、机构向社会公布，依法应当保密的除外。

四、安全教育制度

（一）安全教育制度的意义

开展安全教育，既是国家法律、法规的要求，也是生产经营单位安全管理的需要。自中华人民共和国成立以来，颁布了多项法律、法规，明确提出要加强安全教育；同时，开展安全教育是生产经营单位发展经济、适应人员结构变化、使安全生产向广度和深度发展的需要，是做好安全管理的基础性工作，也是掌握各种安全知识、避免职业危害的主要途径。

用安全技术手段消除或控制事故是解决安全问题的最佳选择。但在生产经营过程中，常因隐患或当时的科技水平或单位经济实力的制约，而无法对其采取有效的技术措施进行预防或纠正。即使人们对已知的不安全因素已经采取了较好的技术措施，对其进行了预防和控制，但人的行为会受到某种程度的制约，这也不是现代管理所期望的结果。而对于安全教育的实施，是通过对从业人员的安全教育和培训，逐渐提高他们的综合安全素质，使其具备辨识危险因素的知识，掌握预防、控制、纠正危险的技能。即使其在面对新环境、新条件时，仍有一定的保证安全的能力和手段，这样才能更好地从根本上达到控制和消除事故的目的。

如果安全教育培训没有做到位，职工对党和国家的安全生产方针、政策、法规、制度、劳动纪律不了解，就可能导致其安全意识淡薄，不能积极配合和主动参与安全工作。如果职工对安全生产技术知识、各种设备设施的工作原理和安全防范措施等没有学懂弄通，对本岗位的安全操作规程、安全防护方法、安全生产特点等一知半解，自然不能真正按规章制度操作，也就无法应对日常操作中遇到的各种安全问题，以致很难预防和控制事故。因此，生产经营单位必须建立健全安全教育制度，确保安全教育的有效实施。

（二）安全教育的内容

安全教育的内容可概括为安全态度教育、安全知识教育和安全技能教育。

1. 安全态度教育

安全态度教育包括思想政治教育和具体的安全态度教育两个方面的内容。

（1）思想政治教育。思想政治教育包括劳动保护方针政策教育和法纪教育。劳动保护方针政策教育使员工提高对安全生产意义的认识，深刻理解生产与安全的辩证关系，纠正各种错误认识和错误观点，从而提高员工安全生产的责任感和自觉性。法纪教育的内容包括安全生产法规、安全规章制度、劳动纪律等。法纪教育使员工自觉遵章守法。

（2）具体的安全态度教育。具体的安全态度教育是一项经常的、细致的、耐心的教育工作，应该建立在对员工的安全心理学分析的基础上，有针对性地、联系实际地进行。

2. 安全知识教育

安全知识教育包括安全管理知识教育和安全技术知识教育。

（1）安全管理知识教育。安全管理知识教育包括劳动保护方针政策法规、组织结构、管理体制、基本安全管理方法等知识。安全管理知识教育主要是针对领导和安全管理人员的，目的是使之能够更好地开展安全管理工作。

（2）安全技术知识教育。安全技术知识教育包括基本的安全技术知识和专业性的安全技术知识。基本的安全技术知识是企业内所有员工都应该具有和掌握的知识。专业性的安全技术知识是指不同工种操作时所需要的专门安全技术知识。

3. 安全技能教育

（1）安全技能。仅掌握了安全技术知识，并不等于能够安全地从事操作，还必须把安全技术知识变成进行安全操作的本领，才能取得预期的安全效果。要实现从"知道"到"会做"的过程，就要借助于安全技能培训。

技能是人们为了完成具有一定意义的任务，经过训练而获得的完善化、自动化的行为方式。技能达到一定的熟练程度，具有高度的自动化和精密的准确性。技能是个人全部行为的组成部分，是行为已自动化的一部分，是经过练习逐渐形成的。

安全技能培训包括正常作业的安全技能培训和异常情况处理的技能培训。安全技能培训应按照标准化作业要求来进行，预先制定作业标准或异常情况时的处理标准，有计划、有步骤地进行培训。

安全技能的形成是有阶段性的，不同阶段显示不同的特征。一般来说，安全技能的形成可以分为掌握局部动作阶段、初步掌握完整动作阶段和动作的协调和完善阶段。

①掌握局部动作阶段。在这个阶段，学习者需要掌握安全操作中的局部动作。这些动作可能包括具体的操作步骤或技能的一部分。例如，在消防安全培训中，学习者需要分别掌握灭火器的使用、疏散逃生的注意事项等局部动作。

②初步掌握完整动作阶段。在这个阶段，学习者开始将局部动作组合起来，形成完整的操作流程。例如，在消防安全培训中，学习者需要将灭火器的使用、疏散逃生的注意事项等局部动作结合起来，形成一个完整的应急预案。

③动作的协调和完善阶段。在这个阶段，学习者需要在实践中不断调整和完善动作，使其更加协调和高效。通过反复练习和反馈，学习者可以逐步提高操作的熟练度和精确性，最终达到自动化和精确化的程度。

（2）安全技能培训计划。在制订安全技能培训计划时，一般要考虑以下几个方面的问题。

①循序渐进。对于一些较困难、较复杂的技能，可以把它划分为若干简单的局部，有步骤地进行练习。在掌握了这些局部成分以后，再过渡到比较复杂的、完整的操作。

②正确设置练习的速度和质量要求。在开始练习的阶段可以要求慢一些，而对操作的准确性则要严格要求，先打下一个良好的基础。在后续的练习阶段，要适当地增加速度，逐步提高效率。

③正确安排练习时间。一般来说，在开始练习的阶段，每次练习的时间不宜过长，各次练习之间的间隔可以短一些。随着技能掌握的增多，可以适当地延长各次练习之间的间隔，每次练习的时间也可以延长一些。

④练习方式多样化。多样化的练习可以增强练习者的兴趣、提高练习的积极性，有利于保持高度的注意力。练习方式的多样化还可以培养人们灵活运用知识的技能。当然，方式过多、变化过于频繁有时将会导致相反的结果，影响技能的形成。

在安全教育中，第一阶段应该进行安全知识教育，使操作者了解生产操作过程中潜在的危险因素及防范措施等，即解决"知"的问题。第二阶段为安全技能训练，掌握和提高熟练程度，即解决"会"的问题。第三阶段为安全态度教育，使操作者尽可能地采用安全技能。3个阶段相辅相成，缺一不可。只有将这3种教育有机地结合在一起，才能取得较好的安全教育效果。在思想上有强烈的安全意识，具备必要的安全技术知识，同时掌握熟练的安全操作技能，这样才能更加有效地避免事故的发生。

（三）安全教育的形式和方法

根据安全教育的对象不同，可以把安全教育分为对管理人员的安全教育和对职工的生产岗位的安全教育两部分。

1. 对管理人员的安全教育

（1）对主要负责人的培训内容。对主要负责人的培训内容包括：①国家安全生产方针、政策和有关安全生产的法律、法规、规章及标准；②安全生产管理的基本知识、安全生产技术、安全生产的专业知识；③重大危险源管理、重大事故防范、应急管理和救援组织，以及事故调查处理的有关规定；④职业危害及其预防措施；⑤国内外先进的安全生产管理经验；⑥典型事故和应急救援案例分析；⑦其他需要培训的内容。

（2）对安全生产管理人员的培训内容。对安全生产管理人员的培训内容包括：①国家安全生产方针、政策和有关安全生产的法律、法规、规章及标准；②安全生产管理、安全生产技术、职业卫生等知识；③伤亡事故统计、报告及职业危害的调查处理方法；④应急管理、应急预案的编制，以及应急处置的内容和要求；⑤国内外先进的安全生产管理经验；⑥典型事故和应急救援案例分析；⑦其他需要培训的内容。

（3）对主要负责人和安全管理人员的培训时间要求。①企业主要负责人和安全生产管理人员初次接受安全培训的时间不得少于32学时，每年再接受培训时间不得少于12学时；②非煤矿山、危险化学品、烟花爆竹等企业的主要负责人和安全生产管理人员接受安全资格培训的时间不得少于48学时，每年接受再培训时间不得少于16学时。

2. 对职工的生产岗位的安全教育

（1）三级安全教育。三级安全教育是指对新入厂职员、工人进行的厂级安全教育、车间级安全教育和岗位（工段、班组）的安全教育。三级安全教育制度是企业安全教育的基本教育制度。企业必须对新工人进行安全生产的入厂教育、车间教育、班组教育；对调换新工种、复工，采取新技术、新工艺、新设备、新材料的工人，必须进行新岗位、新操作方法的安全卫生教育。受教育者经考试合格后，方可上岗操作。

①入厂教育。对新入厂的或调动岗位的工人（包括到工厂参加生产实习的人员和参加劳动的学生），在分配到车间或工作地点之前，必须进行初步的安全生产教育。

入厂教育的主要内容包括：一是国家安全生产方针、政策和法律法规，以及涉及相关的规章制度、企业标准等内容；二是厂级安全生产规章制度，主要包括本单位的厂规厂纪和相关的安全生产规章制度、现场监督、违章处罚及奖惩管理制度；三是本单位的安全管理现状及相关知识，主要包括本单位的生产施工特点及重要危险源分布，特种设备、消防、交通、职业健康、环保等相关基本知识，人员的基本逃生、自救知识，以及本单位涉及的其他安全知识；四是本单位的应急基本常识和防范知识；五是职业健康安全管理体系的基础知识和基本要求；六是与本单位业务有关的事故案例和应急（响应）案例。

②车间教育。新入厂的工人或调动岗位的工人，经入厂教育并考核合格后分配到车间，再经过车间安全教育才能分配到班组。车间安全教育由车间主任或副主任负责，车间专职或兼职安全员协助。

车间教育的主要内容包括：一是本车间的概况、生产性质、生产任务、生产工艺流程、主要设备的特点，安全生产管理组织形式、安全生产规程；二是本车间的危险区域、有毒有害作业的情况，以及必须遵守的安全事项；三是本车间的安全生产情况、问题，以及好坏典型事例等。

③班组教育。班组教育是新入厂的或调动岗位的工人到了新岗位或固定工作岗位后开始工作前的安全教育。

班组教育的主要内容包括：一是本班组的生产性质、任务，将要从事的生产岗位性质、生产责任；二是将要使用的机器设备、工具的性质和特点，以及安全装置、防护设施的性能、作用和维护方法；三是本工种安全操作规程和应遵守的纪律、制度；四是保持工作场地整洁的重要性、必要性及应注意的事项；五是个人劳动防护用品的正确使用和保管；六是本班组的安全生产情况，预防事故的措施及发生事故后应采取的紧急措施、事故案例及教训。

新从业人员（新招、调入、临时、派遣、代培、实习等人员）必须经过至少24学时的三级安全教育。其中，一级安全教育不得少于8学时，二级安全教育不得少于8学时，三级安全教育时间不得少于8学时。

（2）特种作业人员的安全技术培训考核。特种作业是指容易发生事故的，对操作者本人、他人的安全健康及设备、设施的安全可能造成重大危害的作业，主要包括电工作业、金属焊接切割作业、起重机械（含电梯）作业、企业内机动车辆驾驶、登高架设作业等。特种作业的范围由特种作业目录规定，而直接从事特种作业的从业人员就是特种作业人员。

特种作业人员必须接受与本工种相适应的、专门的安全技术培训，经安全技术理论考核和实际操作技能考核合格，取得特种作业操作证后，方可上岗作业。未经培训或培训考核不合格者，不得上岗作业。特种作业人员培训考核实行教考分离制度，国家应急管理部负责组织制定特种作业人员培训大纲及考核标准，并推荐使用教材。培训机构按照国家制定的培训大纲和推荐使用的教材组织开展培训。省、自治区、直辖市人民政府负有安全生产监督管理职责的部门和负责煤矿特种作业人员考核发证工作的部门或者指定的机构，根据国家应急管理部制定的考核标准组织开展考核。

特种作业人员培训的主要内容包括：①安全生产法律法规与技术标准；②从业人员的权利和义务；③安全技术基础知识，包括特种作业的基础知识、不同作业的安全技术、特种作业的特点和预防措施等；④国内外典型事故案例分析；⑤安全操作技能。

特种作业操作证有效期为6年，每3年复审1次，满6年需要重新考核。特种作业人员在特种作业操作证有效期内，连续从事本工种10年以上，严格遵守有关安全生产法律法规的，经原考核发证机关或者从业所在地考核发证机关同意，特种作业操作证的复审时间可以延长至每6年1次。申请特种作业操作证复审或者延期复审前，特种作业人员应当参加必要的安全培训并考试合格。接受安全培训时间不少于8学时，主要培训法律、法规、标准、事故案例，以及有关新工艺、新技术、新装备等知识。

《特种作业人员安全技术培训考核管理规定》第三十二条规定："离开特种作业岗位6个月以上的特种作业人员，应当重新进行实际操作考试，经确认合格后方可上岗作业。"

（3）经常性安全教育。安全教育不能一劳永逸，必须经常地、不断地进行。经常性安全教育是指贯穿生产活动之中的职工业务教育（训练和学习），如安全月、安全周、安全日活动，班前班后安全会，事故分析、事故现场考察，劳动保护教育，广播、板报、简报等形式的安全教育。经过安全教育已经掌握了的知识、技能，如果不经常使用，会逐渐淡忘。随着生产技术的进步、生产状况的变化，新的安全知识和技能出现；已经建立起来的对安全工作的浓厚兴趣，随着时间的推移会逐渐淡漠；在生产任务紧急的情势下，已经树立起来的"安全第一"的思想可能发生动摇，安全态度会发生变化。因此，必须开展经常性的安全教育。

企业里的经常性安全教育可按下列形式进行：①在每天的班前班后会上说明安全注意事项，讲评安全生产情况；②开展安全活动日，进行安全教育、安全检查、安全装置的维护；③召开安全生产会议，计划、布置、检查、总结、评比安全生产工作；④召开事故现场会，分析造成事故的原因及教训，确认事故的责任者，制定防止事故重复发生的措施；⑤总结发生事故的规律，有针对性地进行安全教育；⑥组织工人参加安全技术交流，观看安全生产展览与劳动安全方面的电影、专题节目等，张贴安全生产宣传画、宣传标语及安全标志等，时刻提醒人们注意安全。

在企业的安全工作中，一项重要的内容就是开展各种安全活动，推动安全工作深入开展。安全活动是在企业广大职工群众中开展的、旨在促进安全生产的工作。这些安全活动最重要的作用就是提高职工的安全意识。当开展某项安全活动取得了一定的安全效果后，无论该项活动多么有效，如果把它作为最好的方法长期使用，就很难继续取得良好的效果。这是因为人们有适应外界刺激的倾向。尽管一项活动开始时对每位职工都有一定刺激作用，但长期持续下去，人们对刺激的敏感度会降低，反应减缓，直至最后刺激不再起任何作用。当出现这种情况时，就应根据企业的安全状况，有目的地、间断地改变刺激方式，以新的刺激唤起人们对安全的关注。

第三节 消防安全管理

一、消防安全管理的概念

消防安全管理就是遵循火灾发生和社会经济发展的客观规律，依照消防工作的方针、政策、原则和法规，利用科学管理的理论和方法，通过计划、组织、指挥、协调、控制等职能，合理、有效地使用人力、财力、物力、时间和信息，为实现预定的消防安全目标而进行的各种消防活动的总和。总而言之，消防安全管理就是对各类消防事务的管理。

消防安全管理具有自然属性和社会属性，并具有全域性、全时性、全过程性、全员性和强制性等特征。

二、消防安全管理的主体

消防安全管理是一种有意识、有目的的行为，标志着人们用火、控制火灾的能力和水平。消防安全涉及各个领域，内容十分复杂，是一项巨大的社会系统工程。从日常生活到生产劳动、科学实验等社会各方面的活动，都需要一个消防安全环境，都涉及消防安全管理问题。消防安全管理的主体要重视自身的主体地位和责任，强化自我管理，保证各项消防安全工作落实到位。

政府、政府有关部门、单位和公民个人都是消防工作的主体，也是消防安全管理活动的主体。消防安全管理是政府进行社会管理和公共服务的重要内容，是社会稳定和经济发展的重要保证。政府有关部门对消防工作齐抓共管，这是消防工作的社会化属性所决定的。《中华人民共和国消防法》在明确公安机关及消防救援机构职责的同时，也规定了安全监管、建设、工商、质监、教育、人力资源等部门应当依据有关法律、法规和政策规定，依法履行相应的消防安全管理职责。单位是社会的基本单元，也是社会消防安全管理的基本单元。单位对消防安全和致灾因素的管理能力反映了社会公共消防安全管理水平，也在很大程度上决定了一个城市、一个地区的消防安全形势。各类社会单位是本单位消防安全管理工作的具体执行者，必须全面负责和落实消防安全管理职责。公民个人是消防工作的基础，是各项消防安全管理工作的重要参与者和监督者。在日常的社会生活中，公民在享有消防安全权利的同时也必须履行相应的消防义务。

三、消防安全管理的对象

消防安全管理的对象即消防安全管理资源，主要包括人、财、物、信息、时间和事务。

人——消防安全管理系统中被管理的人员。任何管理活动和消防工作都需要人参与和实施，在消防管理活动中也需要规范和管理人的不安全行为。

财——开展消防安全管理的经费开支。开展和维持正常消防安全管理活动必然会产生经费开支，在管理活动中也需要必要的经济奖励。

物——消防安全管理的建筑设施、机器设备、物质材料、能源等。物应该是严格控制的消防安全管理对象，也是消防技术标准所要调整和规范的对象。

信息——开展消防安全管理活动的文件、资料、数据、消息等。信息流是消防安全管理系统中正常运转的流动质，应充分利用系统中的安全信息流，发挥它们在消防安全管理中的作用。

时间——消防安全管理的各个关键控制时段。时间体现在消防安全管理活动的工作顺序、程序、时限、效率等。

事务——消防安全管理活动的工作任务、职责、指标等。消防安全管理工作应明确工作岗位，确定岗位工作职责，建立健全逐级岗位责任制。

四、消防安全管理的职责

消防安全管理就是对各类消防事务的管理。其具体含义通常是指依照消防法律、法规及规章制度，遵循火灾发生、发展的规律及国民经济发展的规律，应用科学的管理原理和方法，通过各种消防管理职能，合理、有效地利用各种管理资源，为实现消防安全目标所进行的各种活动的总和。消防安全管理是各级人民政府对社会的消防行政立法和宏观规划的决策管理，消防救援机构对社会的消防监督、执法管理，以及机关、团体、企业、事业单位自身的消防安全管理。

（一）各级人民政府的消防安全管理职责

国务院领导全国的消防工作。地方各级人民政府负责本行政区域内的消防工作。各级人民政府应当将消防工作纳入国民经济和社会发展计划，保障消防工作与经济社会发展相适应；应当组织开展经常性的消防宣传教育，提高公民的消防安全意识；应当加强消防组织建设，根据经济社会发展的需要，建立多种形式的消防组织，加强消防技术人才培养，增强火灾预防、扑救和应急救援的能力。地方各级人民政府应当将包括消防安全布局、消防站、消防供水、消防通信、消防车通道、消防装备等内容的消防规划纳入城乡规划，并负责组织实施。乡镇人民政府、城市街道办事处应当指导、支持和帮助村民委员会、居民委员会开展群众性的消防工作。村民委员会、居民委员会应当确定消防安全管理人，组织制定防火安全公约，进行防火安全检查。县级以上地方人民政府应当按照国家规定建立国家综合性消防救援队、专职消防队，并按照国家标准配备消防装备，承担火灾扑救工作。乡镇人民政府应当根据当地经济发展和消防工作的需要，建立专职消防队、志愿消防队，承担火灾扑救工作。

各级人民政府都应以对国家和人民群众高度负责的态度，重视并抓好消防安全管理工作，对消防安全工作进行统筹规划，针对存在的问题，及时采取措施加以整改，使我国的消防安全管理能够同社会进步和经济发展相适应。

（二）消防救援机构的消防安全管理职责

国务院应急管理部门对全国的消防工作实施监督管理。县级以上地方人民政府应急管理部门对本行政区域内的消防工作实施监督管理，并由本级人民政府消防救援机构负责实施。应急管理部门及消防救援机构应当加强消防法律、法规的宣传，并督促、指导、协助有关单位做好消防宣传教育工作。

公众聚集场所在投入使用、营业前，建设单位或者使用单位应当向场所所在地的县级以上地方人民政府消防救援机构申请消防安全检查。消防救援机构应当自受理申请之日起 10 个工作日内，根据消防技术标准和管理规定，对该场所进行检查。公众聚集场所未经消防救援机构许可的，不得投入使用、营业。县级以上地方人民政府消防救援机构应当将发生火灾可能性较大以及发生火灾可能造成重大的人身伤亡或者财产损失的单位，确定为本行政区域内的消防安全重点单位，并由应急管理部门报本级人民政府备案。

消防救援机构统一组织和指挥火灾现场扑救，应当优先保障遇险人员的生命安全；应当对专职消防队、志愿消防队等消防组织进行业务指导；根据扑救火灾的需要，可以调动指挥专职消防队参加火灾扑救工作。消防救援机构有权根据需要封闭火灾现场，负责调查火灾原因，统计火灾损失；根据火灾现场勘验、调查情况和有关的检验、鉴定意见，及时制作火灾事故认定书，作为处理火灾事故的证据；应当对机关、团体、企业、事业等单位遵守消防法律、法规的情况依法进行监督检查。消防救援机构在消防监督检查中发现火灾隐患的，应当通知有关单位或者个人立即采取措施消除隐患；不及时消除隐患可能严重威胁公共安全的，消防救援机构应当依照规定对危险部位或者场所采取临时查封措施。消防救援机构在消防监督检查中发现城乡消防安全布局、公共消防设施不符合消防安全要求，或者发现本地区存在影响公共安全的重大火灾隐患的，应当由应急管理部门书面报告本级人民政府。

（三）单位的消防安全管理职责

机关、团体、企业、事业单位应当履行下列消防安全职责：①落实消防安全责任制，制定本单位的消防安全制度、消防安全操作规程，制定灭火和应急疏散预案；②按照国家标准、行业标准配置消防设施、器材，设置消防安全标志，并定期组织检验、维修，确保完好有效；③对建筑消防设施每年至少进行 1 次全面检测，确保完好有效，检测记录应当完整准确，存档备查；④保障疏散通道、安全出口、消防车通道畅通，保证防火防烟分区、防火间距符合消防技术标准；⑤组织防火检查，及时消除火灾隐患；⑥组织进行有针对性的消防演练；⑦法律、法规规定的其他消防安全职责。

消防安全重点单位除应当履行以上职责外，还应当履行下列消防安全职责：①确定消防安全管理人，组织实施本单位的消防安全管理工作；②建立消防档案，确定消防安全重点部位，设置防火标志，实行严格管理；③实行每日防火巡查，并建立巡查记录；④对职工进行岗前消防安全培训，定期组织消防安全培训和消防演练。

单位的主要负责人是本单位的消防安全责任人。单位的消防安全责任人应当履行下列消防安全职责：①贯彻执行消防法规，保障单位消防安全符合规定，掌握本单位的消防安全情况；②将消防工作与本单位的生产、科研、经营、管理等活动统筹安排，批准实施年度消防工作计划；③为本单位的消防安全提供必要的经费和组织保障；④确定逐级消防安全责任，批准实施消防安全制度和保障消防安全的操作规程；⑤组织防火检查，督促落实火灾隐患整改，及时处理涉及消防安全的重大问题；⑥根据消防法规的规定建立专职消防队、义务消防队；⑦组织制定符合本单位实际的灭火应急疏散预案，并实施演练。

单位可以根据需要确定本单位的消防安全管理人。单位的消防安全管理人对单位的消防安全责任人负责，实施和组织落实以下消防安全管理工作：①拟订年度消防工作计划，组织实施日常消防安全管理工作；②组织制订消防安全制度和保障消防安全的操作规程并检查督促其落实；③拟订消防安全工作的资金投入和组织保障方案；④组织实施防火检查和火灾隐患整改工作；⑤组织实施对本单位消防设施、灭火器材和消防安全标志的维护保养，确保其完好有效，确保疏散通道和安全出口畅通；⑥组织管理专职消防队和义务消防队；⑦在员工中组织开展消防知识、技能的宣传教育和培训，组织灭火和应急疏散预案的实施和演练；⑧单位消防安全责任人委托的其他消防安全管理工作。消防安全管理人应当定期向消防安全责任人报告消防安全情况，及时报告涉及消防安全的重大问题。未确定消防安全管理人的单位，消防安全管理工作由单位消防安全责任人负责实施。

居民住宅区的物业管理单位应当在管理范围内履行以下消防安全职责：①制订消防安全制度，落实消防安全责任，开展消防安全宣传教育；②开展防火检查，消除火灾隐患；③保障疏散通道、安全出口、消防车通道畅通；④保障公共消防设施、器材以及消防安全标志完好有效。其他物业管理单位应当对受委托管理范围内的公共消防安全管理工作负责。

五、消防安全管理的任务

在我国建设的新时期，消防安全管理的总体任务，就是要根据经济发展规律和经济建设的新特点，适应市场经济发展的新形势，确定消防管理的总体目标，坚持"预防为主，防消结合"的方针，通过各级党组织和政府的领导，充分发动群众，进行严格管理、科学管理、依法管理，更加有效地预防和减少火灾隐患，保卫社会主义现代化建设，保护人民的生命财产安全。

消防安全管理的任务包括：一是贯彻"预防为主、防消结合"的方针，坚持专门机构与群众相结合的原则，落实消防安全责任制；二是建立各级重点消防安全管理机构，选拔、考核和培训各类消防安全管理人才；三是制定消防安全管理规划，确定近期或远期的消防安全管理目标；四是开展消防宣传教育，普及消防安全管理知识，让群众积极参与消防安全管理活动，提高公众的消防安全意识；五是研究如何用最少的人、财、物和时间，采用现代科学方法，为社会提供最佳的消防安全环境；六是建立健全消防安全管理规章制度，实行规范管理、严格管理；七是加强对消防安全事务的监督、检查、控制和协调；八是对在消防工作中做出突出贡献或成绩显著的单位和个人给予奖励。

六、消防安全管理的作用

火灾是一种破坏力很大的治安灾害，做好消防安全管理工作，对保障人民的人身安全、保卫社会主义现代化建设具有十分重要的作用。

（一）保护人民群众的生命和财产安全

民生是人民幸福之基、社会和谐之本。安全生产是保障社会民生的重要环节，关系人民群众的生命安全和财产安全。消防安全管理的首要任务就是保护人民群众的生命和财产安全。目前，全民的消防安全意识还有待提高，加上一些现代建筑物的装修使用了易燃（可燃）材料，使得火灾的发展和蔓延非常迅速。采取消防安全技术措施进行消防安全管理，有效预防火灾的发生，降低火灾风险，最大限度地保护人民群众的生命和财产安全。

（二）保卫现代化经济建设

近年来，我国现代化建设的迅猛发展，新材料、新设备以及新工艺的广泛应用，用火、用电、用易燃化学物品的单位大量增多，新的不安全因素也随之不断增加，这就要求机关、团体、企业、事业单位在与火灾作斗争的过程中，要坚持把预防火灾放在首位，从思想上、组织上、制度上采取各种措施，避免事故的发生。做好消防安全管理工作，以保证现代化建设事业的顺利进行。

七、消防安全管理的原则

任何一项管理活动都必须遵循一定的原则。依据我国消防安全管理的性质，消防安全管理除了应遵循科学管理原则外，还必须遵循下列一些特有原则。

（一）统一领导，分级管理

根据消防安全管理的性质与消防实践，我国的消防安全管理实行统一领导，即实行统一的法律、法规、方针、政策，以确保全国消防管理工作的协调一致。但是，我国是一个人口众多、地域广阔的国家，各地经济、文化以及科技发展不平衡，发生火灾的具体规律和特点也不同，不可能用一个统一的模式来管理各地区、各部门的消防事务。所以，必须在国家消防主管部门的统一领导下，实行纵向的分级管理，赋予各级消防管理部门一定的职责及权限，调动其积极性与主动性。

（二）专门机关管理与群众管理相结合

各级消防救援机构是消防管理的专门机关，担负着主要的消防管理职能。但是，消防工作涉及各行各业、千家万户，消防工作与每一个社会成员息息相关，如果不发动群众参与管理，消防工作的各项措施就很难落实。只有坚持在专门机关组织指导下群众参加管理，才能够卓有成效地做好这一工作。

（三）安全与生产相一致

安全与生产是一个对立统一的整体。安全是为了更好地生产，生产必须以安全为前提。消防救援机构在消防管理中，要认真坚持安全与生产相一致的原则，对机关、团体、企业以及事业单位存在的火险隐患决不姑息，积极督促其整改，使安全与生产相同步。

（四）严格管理，依法管理

由于各种客观因素的存在，一部分单位与个人往往对消防安全的重要性认识不足，存在着对消防安全不重视的现象，导致大量的火险隐患不能及时发现或发现后不能及时进行整改。为了减少和消除引发火灾的各种因素，消防管理组织尤其是消防救援机构本着严格管理的原则，对所有监督管理范围内的单位、部门以及区域的消防安全提出严格的要求，严格督促检查、整改。

依法管理，就是要依照国家司法机关和行政机关制定和颁布的法律、法规以及规章等，对消防事务进行管理。消防管理要依法进行，这是由火的破坏性所决定的。火灾危害社会安宁，破坏人们正常的生产、工作以及生活秩序，这就需要有强制性的管理措施才能够有效地控制火灾的发生。而强制性的管理又必须用法律做后盾，因此，消防安全管理工作必须坚持依法管理的原则。

八、消防安全管理的制度

为了加强企事业单位的消防设施、器材维护管理，预防和减少火灾危害，根据《机关、团体、企业、事业单位消防安全管理规定》及有关消防法规，消防安全管理制度主要包括防火巡查制度，安全疏散设施管理制度，消防控制室值班制度，消防设施、器材维护管理制度，火灾隐患整改制度，用火用电安全管理制度，易燃易爆危险物品和场所防火防爆管理制度，灭火和应急疏散预案演练制度，燃气和电气设备的检查与管理制度，防雷、防静电系统的检查与管理制度等。

文件：《机关、团体、企业、事业单位消防安全管理规定》

（一）防火巡查制度

消防安全重点单位应当进行每日防火巡查，并确定巡查的人员、内容、部位和频次。巡查的内容应当包括：①用火、用电有无违章情况；②安全出口、疏散通道是否畅通，安全疏散指示标志、应急照明是否完好；③消防设施、器材和消防安全标志是否在位、完整；④常闭式防火门是否处于关闭状态，防火卷帘下是否堆放物品影响使用；⑤消防安全重点部位的人员在岗情况；⑥其他消防安全情况。

防火巡查人员应当及时纠正违章行为，妥善处置火灾危险，无法当场处置的，应当立即报告。发现初起火灾应当立即报警并及时扑救。防火巡查应当填写巡查记录，巡查人员及其主管人员应当在巡查记录上签名。

（二）安全疏散设施管理制度

明确消防安全疏散设施管理的责任部门、责任人和职责，确定安全疏散部位，设施的登记、检测和维护管理要求，情况记录等要点。安全疏散设施管理应符合下列要求：①确保疏散通道、安全出口的畅通，禁止占用、堵塞疏散通道和楼梯间；②公众聚集场所在使用和营业期间疏散出口、安全出口的门不应锁闭；③封闭楼梯间、防烟楼梯间的门应完好，门上应有正确启闭状态的标识，保证其正常使用；④常闭式防火门应经常保持关闭；⑤需要经常保持开启状态的防火门，应保证其火灾时能自动关闭，自动和手动关闭的装置应完好、有效；⑥平时需要控制人员出入或设有门禁系统的疏散门，应有保证火灾时人员疏散畅通的可靠措施；⑦安全出口、疏散门不得设置门槛和其他影响疏散的障碍物，且在其1.4米范围内不应设置台阶；⑧消防应急照明、安全疏散指示标志应完好、有效，发生损坏时应及时维修、更换；⑨消防安全标志应完好、清晰，不应遮挡；⑩安全出口、公共疏散走道上不应安装栅栏、卷帘门；⑪窗口、阳台等部位不应设置影响逃生和灭火救援的栅栏；⑫各楼层的明显位置应设置安全疏散指示图，指示图上应标明疏散路线、安全出口、人员所在位置和必要的文字说明；⑬举办展览、展销、演出等大型群众性活动，应事先根据场所的疏散能力核定容纳人数，活动期间应对人数进行控制，采取防止超员的措施；⑭消防给水管道、消防水箱和消火栓等设施，不得改作他用，消防给水系统需停水维修时，应当报本单位安保部门备案；⑮有关职能部门要加强对安全疏散设施的监督、检查，及时发现有关问题，确保设施的正常运转。

（三）消防控制室值班制度

消防控制室值班制度主要包括：①消防控制室工作人员应严格遵守消防控制室的各项安全操作规范和各项消防安全管理制度；②消防控制室坚持24小时值班制度，每班不少于2人；③消防控制室的操作维护人员，应经消防安全专门培训合格后上岗；④值班人员不得擅离岗位，应坚守岗位、忠于职守，做到不脱岗、不睡岗、不做与工作无关的事情，严格按规程操作；⑤值班人员应尽职尽责，对管理范围内的各种消防设施、器材进行检查，确保设施、器材的完好有效，发现设备故障时，应及时报告消防安全责任人或消防安全管理人；⑥发现火警信号或接到报警时，要进行实地查看，并及时将着火地点、火势情况、燃烧物质、报告人姓名、扑救情况向有关领导报告，并以最快的速度向消防救援机构报警，做好详细记录；⑦值班人员应记录下当班情况，并做好交接班工作，做好值班记录、设备情况、事故处理等情况的交接手续，当班未处理完的事项及重大问题要交接清楚，并进行实地检查交接和签字；⑧值班人员每月至少启动消防泵1次并观察运行情况，发现故障应及时排除，确保系统正常运行；⑨消防控制室工作人员要爱护消防控制室的设施，保持控制室内的卫生；⑩消防控制室内严禁存放易燃易爆危险物品和堆放与设备运行无关的物品或杂物，严禁与消防控制室无关的电气线路和管道穿过；⑪消防控制室内严禁吸烟或动用明火；⑫严禁擅自关闭火灾自动报警、灭火系统，切断消防电源。

微课：消防控制室值班制度

（四）消防设施、器材维护管理制度

明确消防设施、器材维护管理的责任部门和责任人。确定消防设施、器材登记、检查及维护保养要求、情况记录等要点。

消防设施、器材维护管理应符合下列要求：①消火栓应有明显标识；②室内消火栓箱不应上锁，箱内设备应齐全、完好；③室外消火栓不应埋压、圈占，距室外消火栓、水泵接合器2米范围内不得设置影响其正常使用的障碍物；④展品、商品、货柜、广告箱牌、生产设备等的设置不得影响防火门、防火卷帘、室内消火栓、灭火剂喷头、机械排烟口和送风口、自然排烟窗、火灾探测器、手动火灾报警按钮、声光报警装置等消防设施和器材的正常使用；⑤应确保消防设施和消防电源始终处于正常运行状态，需要维修时，应采取相应的措施，维修完成后，应立即恢复到正常运行状态；⑥按照消防设施、器材维护管理制度和相关标准，建立档案资料，记明配置类型、数量、设置部位、检查维修单位（人员）、更换药剂时间等有关情况，并定期检查、检测，做好记录，存档备查；⑦自动消防设施应按照有关规定，每年委托具有相关资质的单位进行全面检查测试，并出具检测报告，存档备查。

（五）火灾隐患整改制度

单位对存在的火灾隐患，应当确定专门部门和人员及时予以消除。

对下列违反消防安全规定的行为，防火检查人员应当责成各部门责任人当场整改并督促落实：①违章进入生产、储存易燃易爆危险物品场所的；②违章使用明火作业或者在具有火灾、爆炸危险的场所吸烟、使用明火等违反禁令的；③将安全出口上锁、遮挡，或者占用、堆放物品影响疏散通道畅通的；④消火栓、灭火器材被遮挡影响使用或者被挪作他用的；⑤常闭式防火门处于开启状态，防火卷帘下堆放物品，影响使用的；⑥消防设施管理、值班人员和防火巡查人员脱岗的；⑦违章关闭消防设施、切断消防电源的；⑧其他可以当场改正的行为。

对不能当场改正的火灾隐患，消防工作归口管理职能部门或者专兼职消防管理人员应当根据本单位的管理分工，及时将存在的火灾隐患向单位的消防安全管理人或者消防安全责任人报告，提出整改方案。消防安全管理人或者消防安全责任人应当确定整改的措施、期限及负责整改的部门、人员，并落实整改资金。

在火灾隐患未消除之前，单位应当落实防范措施，保障消防安全。不能确保消防安全，随时可能引发火灾或者一旦发生火灾将严重危及人身安全的，应当将危险部位停产停业整改。

火灾隐患整改完毕，负责整改的部门或者人员应当将整改情况记录报送消防安全责任人或者消防安全管理人签字确认后存档备查。

对消防救援机构责令限期改正的火灾隐患，单位应当在规定的期限内改正并写出火灾隐患整改复函，报送消防救援机构。

（六）用火用电安全管理制度

用火用电安全管理制度主要包括：①单位应严格执行用火用电的消防安全管理规定；②单位内所有生产、仓储等区域严禁烟火，不得任意吸烟动火；③动火必须按照单位消防安全管理制度有关规定，严格执行动火审批制度；④临时动火应向单位消防安全管理人书面申请办理动火证，方可动火，并要有防范措施和专人管理、监督，配备相应的灭火器材，时间一般不超过 24 小时；⑤固定动火必须经消防安全管理人审查同意，报经单位消防安全责任人批准，办理动火证，并明确动火防火人职责，采取有效安全防范措施、配备相应灭火器材；⑥动火作业前应清除动火点 5 米区域范围内的易燃易爆危险品或做有效的安全隔离，未做到不得动火作业；⑦动火作业完毕，必须对现场认真清理，消除余火，确认安全后，方可离开现场；⑧仓库、车间内不准使用火炉取暖，在单位内使用时，应经单位消防安全管理人批准，同时必须做到"三定"（定位使用、定人负责、定安全措施）；⑨车间、过道内严禁存放各种油料、酒精等易燃易爆物品；⑩任何部门或个人不得在单位内擅自架设拉用临时电路，特殊情况必须拉用临时电路的，必须由使用部门提出书面报告，经单位消防安全责任人批准后，由单位设备部专业电工拉线接电；⑪一切固定的生产设施，应严格按照规范进行电气线路的设计和施工，不得擅自更改；⑫用火、用电操作人员必须持消防操作证上岗；⑬配电线路、电气设备应保持清洁，配电箱（板）不得积尘，立式配电柜周围 1 米内不准堆放物品，应保持干燥并挂牌专人管理；⑭电气设备的导线、接点、开关不得有断线、老化、裸露、破损，禁止使用不合格的保险装置，电气设备严禁超荷运行，严禁在闷顶内敷设配电线路；⑮配、发、变电房（室）内严禁存放各种油料、酒精等易燃易爆物品，严禁明火作业和使用电炉，房（室）内通风要保持良好；⑯高度重视安全用火、用电工作，对所属部位经常检查，发现隐患及时解决。

（七）易燃易爆危险物品和场所防火防爆管理制度

易燃易爆危险物品和场所防火防爆管理制度主要包括：①各类危险化学品的保管人员和押运人

员必须经专门培训并持证上岗；②危险化学品的使用场所和储存场所必须设立禁烟禁火标志和禁打手机标志；③危险品生产使用区和储存区的设立必须距居民区、交通道路和其他散发明火的地点不少于30米的安全距离；④严禁一切明火取暖、照明和明火作业，确需动用明火时，必须办理动火证，逐级审批，严格落实责任人、监护人、防范措施；⑤生产、使用和储存单位，必须制定应急预案，明确发生事故时要采取的基本措施和方法，以及各类人员的分工；⑥易散发、易燃可燃气体的厂房和库房，必须采取通风措施，防止气体的聚集，各类易燃易爆储罐夏季应有防晒装置和采取降温措施；⑦应当配备气体泄漏报警器，随时测定区域的气体浓度，防止达到爆炸浓度极限，严防爆炸事故的发生；⑧危险品生产使用和储存区域必须配置数量足够的、型号匹配的灭火器材，而且人人能熟练操作；⑨根据储存危险品的危险性，配备适当的空气呼吸器、防毒面罩等人员防护装备和器材；⑩禁止携带打火机、火柴等火种进入易燃易爆生产、储存区域，严禁在禁火区内吸烟、焚烧物品、燃放烟花爆竹；⑪在火灾、爆炸危险区域作业时应当着防静电服（纯棉织物），不穿带钉子的鞋，不使用产生火花的操作工具；⑫机动车进入火灾、爆炸危险区域，必须佩戴熄火器；⑬在火灾、爆炸危险区域内使用的电气线路、开关、灯具、电气设备应达到相应的防爆等级要求；⑭按要求配置灭火器、灭火毯、灭火沙、消防桶、消防锨等器材，灭火器选型准确、配置数量充足、放置位置合理，便于取用；⑮按要求设置室内、室外消火栓；⑯按要求设置防雷、防静电、火灾报警等装置。

（八）灭火和应急疏散预案演练制度

明确开展灭火和应急疏散预案演练的责任部门、责任人和职责。确定组织机构和分工、联络办法、预案的制定和修订、演练程序、注意事项等要点。

灭火和应急疏散组织机构包括：①指挥员，消防安全责任人或消防安全管理人担负消防救援机构到达火灾现场之前的指挥职责，组织开展灭火和应急疏散等工作，规模较大的单位可以成立火灾事故应急指挥机构；②灭火行动组，扑救初起火灾，配合消防救援机构采取灭火行动；③通信联络组，报告火警，与相关部门联络，传达指挥员命令；④疏散引导组，维护火场秩序，引导人员疏散；⑤安全防护救护组，救护受伤人员，准备必要的医药用品；⑥其他必要的组织。

灭火和应急疏散预案应包括下列主要内容：①发现火情，首先报警，讲明起火单位、部位、时间、单位详细地址，可燃物质、火势等情况；②通信联络组立即迎接消防车辆，并视情况与供水、供电、医院等单位联络；③指挥员组织扑救初起火灾，关闭相关阀门，切断电源，利用灭火器材实施扑救；④不能控制火情时，现场指挥员应立即下达所有人员撤离命令；⑤疏散引导组尽快有秩序疏散人员；⑥安全防护救护组配合医护人员抢救受伤人员；⑦火灾扑灭后，寻找可能被困人员，保护火灾现场，协助事故调查；⑧指挥员组织填写事故报告。

当确认发生火灾后，立即启动灭火和应急疏散预案，按下列程序开展工作：①向消防救援机构报火警；②当班人员执行预案中的相应职责；③组织和引导人员疏散，营救被困人员；④使用消火栓等消防器材、设施扑救初起火灾；⑤派专人接应消防车辆到达火灾现场；⑥保护火灾现场，维护现场秩序。

定期组织员工熟悉灭火和应急疏散预案，并通过预案演练，逐步修改完善。消防演练应符合下列要求：①人员密集场所等消防安全重点单位应至少每半年组织1次消防演练，其他场所应至少每年组织一次；②根据实际情况，确定火灾模拟形式，并将消防演练方案报告当地消防救援机构，争取其业务指导；③消防演练前，应通知演练场所内的所有人员积极参与，消防演练时，应在建筑入口等显著位置设置"正在消防演练"的标志牌，并进行公告；④消防演练应按照灭火和应急疏散预案实施；⑤模拟火灾演练中应落实火源及烟气的控制措施，防止造成人员伤害；⑥家具生产制造、易燃易爆危险化学品生产与储存等单位，应适时与当地消防救援机构组织联合消防演练；⑦演练结束后，应将消防设施恢复到正常运行状态，做好记录，并及时进行总结。

（九）燃气和电气设备的检查与管理制度

明确燃气和电气设备安全管理的责任部门、责任人与职责。确定设施登记、职业资格、检查部位和内容、检查工具、发现问题处置程序、情况记录等要点。

燃气、电气设备的管理应符合下列要求：①采购燃气、电气设备，应选用合格产品，并应符合有关消防安全的要求；②燃气和电气线路敷设、设备安装和维修应由具备职业资格的人员操作，严格执行安全操作规程；③应安装防雷、防静电系统；④不得随意乱接燃气线路、乱接电线，擅自增加燃气和电气设备；⑤电气设备周围应与可燃物保持 0.5 米以上的距离；⑥对燃气、电气线路及设备应定期检查、检测，严禁长时间超负荷运行。

（十）防雷、防静电系统的检查与管理制度

防雷、防静电系统的检查和管理应符合下列要求：①每年雨季之前，应对防雷、防静电设备和接地装置进行检查、维护；②对爆炸危险区域和火灾危险区域内检查、维修及保养设备时应使用防爆工具；③检测中发现的问题限期维修，保证防雷、防静电系统的完好有效；④对符合报废标准的设备，应及时报废和更新；⑤自检结果应及时上报单位主管安全部门存档备查。

九、消防安全管理的方法

消防安全管理的方法是指消防安全管理主体对消防安全管理对象施加作用的基本方法或者是消防安全管理主体行使消防安全管理职能的基本手段。

消防安全管理的方法可分为基本方法和技术方法两大类。

（一）消防安全管理的基本方法

消防安全管理的基本方法主要包括行政方法、法律方法、行为激励方法、咨询顾问方法、经济奖励方法、宣传教育方法及舆论监督方法。

1. 行政方法

行政方法主要是指依靠行政（包括国家行政和内部行政）机构及其领导者的职权，通过强制性的行政命令，直接对管理对象产生影响，按照性质组织系统来进行消防安全管理的方法。这种方法的优

点在于统一领导、统一步调，缺点是要求行政管理机构的层级不能过多。

行政方法通常和法律方法、经济奖励方法、宣传教育方法等结合起来使用。

2. 法律方法

法律方法主要是指运用国家制定的法律法规等强制性手段，处理、调解、制裁一切违反消防安全行为的方法。

3. 行为激励方法

行为激励方法主要是指设置一定的条件和刺激，把人的行为动机激发起来，有效地达到行为目标，并应用于消防安全管理活动中，激励消防安全管理活动的参与者更好地从事管理活动，或者深入应用于消除人的不安全行为等领域的管理方法。

4. 咨询顾问方法

咨询顾问方法主要是指消防安全管理者借助专家顾问的智慧进行分析、论证和决策的管理方法。

5. 经济奖励方法

经济奖励方法主要是指利用经济利益去推动消防安全管理对象自觉自愿地开展消防安全工作的管理方法。实施该方法时，应注意奖励和惩罚并用，幅度应该适宜，同其他管理方法一同使用。

6. 宣传教育方法

宣传教育方法主要是指利用各种信息传播手段，向被管理者传播消防法规、方针、政策、任务，以及消防安全知识及技能，使被管理者树立消防安全意识和观念，激发正确的行为，以实现消防安全管理目标的方法。

7. 舆论监督方法

舆论监督方法主要是指针对被管理者的消防安全违法违规行为，利用各种舆论媒介进行曝光和揭露，制止违法行为，并通过反面教育达到警醒世人的消防安全管理目标的方法。

（二）消防安全管理的技术方法

消防安全管理的技术方法主要包括安全检查表分析方法、因果分析方法、事故树分析方法及消防安全状况评估方法等。

1. 安全检查表分析方法

安全检查表分析方法主要是将消防安全管理的全部内容按照一定的分类划分为若干个子项，对各子项进行分析，并根据有关规定以及经验，查出容易发生火灾的各种危险因素，并将这些危险因素确定为所需检查项目，编制成表后以备在安全检查时使用。

2. 因果分析方法

因果分析方法主要是指用因果分析图分析各种问题产生的原因及可能导致的后果的一种管理方法。

3. 事故树分析方法

事故树分析方法主要是一种按照从结果到原因的顺序描绘火灾事故发生的树形模型图，利用这种树形模型图对火灾事故因果关系进行逻辑推理分析的方法。

事故树分析方法应当包括：一是系统可能发生的火灾事故，即终端事件；二是系统内固有的或者潜在的危险因素；三是系统可能发生的灾害事故与各种危险因素之间的逻辑因果关系。

4. 消防安全状况评估方法

消防安全状况评估方法通常先将社会上公认或允许的防火安全指标作为防火安全评价的衡量标准，然后将自身的结果同安全指标进行比较，从而发现不足之处，以采取相应的技术或者管理措施予以更正。

思考与练习

1. 简述安全管理的概念、原则与方法。
2. 区分事故发生的直接原因和间接原因。
3. 简述事故调查组的主要任务。
4. 消防安全管理的原则有哪些？
5. 消防安全管理的制度有哪些？

职业技能训练

活动1：分组讨论本章所讲述的消防安全管理制度的目的和意义

1. 分组要求：全班分为5个小组，每组8~10人。
2. 讨论内容：消防安全管理制度的目的和意义。
3. 活动成果：以小组为单位写出讨论报告。

活动2：安全检查表分析与消防安全状况评估

1. 分组要求：全班分为5个小组，每组控制在8~10人。
2. 资料要求：选择1个检查对象，检查容易发生火灾的各种危险因素，绘制1张安全检查表。
3. 学习要求：学生在老师的指导下阅读有关安全检查标准，对安全检查表进行分析。每组根据安全检查表进行消防安全评估，找出相应的技术措施。
4. 活动成果：以小组为单位制订安全检查表和消防安全评估后的技术措施。

活动3：项目提升训练

案例1：2010年11月15日，上海市静安区发生1场延烧超过6小时的火灾。2名无证焊工在静安区1幢教师公寓的10层电梯前室北窗外进行违规电焊作业。由于未采取保护措施，电焊溅落的金属熔融物引燃下方9层的脚手架防护平台上堆积的聚氨酯硬泡保温材料碎块、碎屑，引发火灾。由于未设置现场消防措施，2人不能将初期火灾扑灭。燃烧的聚氨酯引燃了楼体9层附近表面覆盖的尼龙防护网和脚手架上的毛竹片。由于尼龙防护网是全楼相连的一个整体，火势便以9层为中心蔓延，引燃了各层室内的窗帘、家具、煤气管道的残余气体等易燃物质，造成火势的急速扩大。该起事故共造成58人遇难，71人受伤。

分析：发生该起事故的直接原因和间接原因有哪些？

案例2： 2015年8月12日23:30左右，位于天津市滨海新区天津港的某公司危险品仓库发生火灾爆炸事故，造成165人遇难（其中参与救援处置的现役消防救援指战员24人、天津港消防人员75人、公安民警11人，事故企业、周边企业员工和居民55人）、8人失踪（其中天津港消防人员5人，周边企业员工、天津港消防人员家属3人）、798人受伤（伤情重及较重的伤员58人、轻伤员740人），304幢建筑物、12 428辆商品汽车、7 533个集装箱受损。依据《企业职工伤亡事故经济损失统计标准》等标准和规定统计，事故已核定的直接经济损失6 866亿元。

分析：该事故发生的原因有哪些？提出对该类事故的防范和整改措施。

第二章　消防安全管理法律法规

知识目标

1. 了解消防安全管理的法律责任。
2. 掌握与消防安全管理、安全生产相关的法律法规。

能力目标

1. 能够根据事故案例，灵活运用消防安全管理相关规定。
2. 能够根据相关法律法规对消防安全事故作出处罚。

重点与难点

1. 城镇燃气的消防安全管理。
2. 消防安全管理的法律责任。
3.《安全生产法》中的安全生产管理法律责任。

消防安全管理法律法规与法律责任

一、消防安全管理法律法规

（一）易燃易爆危险化学品的消防安全管理

易燃易爆场所是指进行生产、使用、储存、保管等在一定条件下能引起燃烧、爆炸，导致人身伤亡和财产损失等事故的场所。易燃易爆场所主要包括：加油站、油库、煤气站、油漆库房、烟花车间和库房、炸药仓库、煤矿坑道、煤炭堆放区域、易燃粉尘的区域、化学品仓库、燃料仓库等。

1. 易燃易爆危险化学品的消防安全建设规定

《中华人民共和国消防法》第十九条　生产、储存、经营易燃易爆危险品的场所不得与居住场所设置在同一建筑物内，并应当与居住场所保持安全距离。

生产、储存、经营其他物品的场所与居住场所设置在同一建筑物内的，应当符合国家工程建设消防技术标准。

文件：《中华人民共和国消防法》

生产、储存、经营易燃易爆危险品的场所与居住场所设置在同一建筑物内，或者未与居住场所保持安全距离的，责令停产停业，并处5 000元以上50 000元以下罚款。生产、储存、经营其他物品的场所与居住场所设置在同一建筑物内，不符合消防技术标准的，责令停产停业，并处5 000元以上50 000元以下罚款。

2. 进入易燃易爆危险品场所的消防安全管理

进入生产、储存易燃易爆危险品的场所，必须执行消防安全规定。禁止非法携带易燃易爆危险品进入公共场所或者乘坐公共交通工具。

操作人员不得穿戴易产生静电的工作服、帽和使用易产生火花的工具，严防震动、撞击、重压、摩擦和倒置。对易产生静电的装卸设备要采取消除静电的措施。

知识拓展：危险化学品主要分为甲类、乙类、丙类、丁类、戊类5大类。其划分的依据包括液体的闪点、气体的爆炸下限、固体的爆炸风险等。

比如，甲类危险化学品闪点小于28 ℃的液体，爆炸极限小于10%的气体；乙类危险化学品闪点大于或等于28 ℃且小于60 ℃的液体、自燃品，爆炸下限大于或等于10%的气体。

3. 易燃易爆危险品和可燃物资仓库的消防安全管理

此类仓库应当确定1名主要领导人为防火负责人，全面负责仓库的消防安全管理工作。仓库防火负责人负有下列职责：①组织学习贯彻消防法规，完成上级部署的消防工作；②组织制定电源、火源、易燃易爆物品的安全管理和值班巡逻等制度，落实逐级防火责任制和岗位防火责任制；③组织对职工进行消防宣传、业务培训和考核，提高职工的安全素质；④组织开展防火检查，消除火险隐患；⑤领

导专职、义务消防队组织和专职、兼职消防人员，制定灭火应急方案，组织扑救火灾；⑥定期总结消防安全工作，实施奖惩。

生产、储存易燃易爆危险物品的场所属于爆炸危险场所，按照爆炸性混合物出现的频度、持续时间和危险程度可划分为不同危险等级的区域。这类场所火灾爆炸危险性大，通常是消防监督的重点。

露天存放物品应当分类、分堆、分组和分垛，并留出必要的防火间距。堆场的总储量以及与建筑物等之间的防火距离，必须符合相关防火规范的规定。

4. 单位使用易燃易爆危险品的消防安全管理

采购、储存、使用、处置易燃易爆危险品按照国家有关规定详细记录，并由专人管理、登记。根据需求限量使用，人员密集场所、车间内中间仓库的存储量不超过 1 天的使用量，不使用时及时清除。易燃易爆危险品存放在指定位置并远离热源和可燃物，避免阳光直射，不储存在地下室内。自燃危险品单独存放在阴凉通风处。

易燃易爆危险品企业生产过程中的原料、半成品、成品，应集中存放，不应违规、超量、超期储存生产原料和半成品。易燃易爆危险品中间仓库的储量不应超过一昼夜的需要量，其设置应符合消防技术标准的有关要求。经营、存放和使用甲、乙类火灾危险性物品的商店、作坊和储藏间，不应附设在民用建筑内。大型商业综合体及地下或半地下营业厅、展览厅不应经营、储存和展示甲、乙类火灾危险性物品。

案例：2022 年 10 月 13 日，荔湾区消防救援大队联合海中联社工作人员到荔湾区的某复合厂进行检查，发现该厂存在违规住人、存放易燃易爆品的情况，并对现场电箱及大门进行了查封。14 日晚进行复查时，发现该厂仍存在明火作业的情况。

处罚情况：由于该厂管理人存在在具有火灾、爆炸危险的场所使用明火，并被劝阻拒不改正的事实，荔湾区公安分局给予涉事人员行政拘留 3 日的处罚。

（二）建设工程的消防安全管理

《中华人民共和国消防法》第九条　建设工程的消防设计、施工必须符合国家工程建设消防技术标准。建设、设计、施工、工程监理等单位依法对建设工程的消防设计、施工质量负责。

1. 建设工程消防设计

对按照国家工程建设消防技术标准需要进行消防设计的建设工程，实行建设工程消防设计审查验收制度。特殊建设工程未经消防设计审查或者审查不合格的，建设单位、施工单位不得施工；其他建设工程，建设单位未提供满足施工需要的消防设计图纸及技术资料的，有关部门不得发放施工许可证或者批准开工报告。

国务院住房和城乡建设主管部门规定的特殊建设工程，建设单位应当将消防设计文件报送住房和城乡建设主管部门审查，住房和城乡建设主管部门依法对审查的结果负责。

2. 建设工程施工现场

施工单位在施工现场建立消防安全管理组织机构及义务消防组织，确定消防安全负责人和消防安全管理人员，落实相关人员的消防安全管理责任，是施工单位做好施工现场消防安全工作的基础。

施工现场一般有多个参与施工的单位，总承包单位对施工现场防火实施统一管理，对施工现场总平面布局、现场防火、临时消防设施、防火管理等进行总体规划、统筹安排，避免各自为政、管理缺失、责任不明等情形发生，确保施工现场防火管理落到实处。

施工现场用（动）火作业多，用（动）火管理缺失和动火作业不慎引燃可燃、易燃建筑材料是导致火灾事故发生的主要原因。施工现场动火作业前，应由动火作业人提出动火作业申请。动火作业申请至少应包含动火作业的人员、内容、部位或场所、时间、作业环境及灭火救援措施等内容。

施工现场临时消防设施及疏散设施是施工现场火灾扑救和人员安全疏散的主要依靠。因此，在施工现场的防火技术方案中应具体明确以下相关内容：①配置灭火器的场所、选配灭火器的类型和数量及最小灭火级别；②消防水源，临时消防给水管网的管径、敷设线路、给水工作压力，以及消防水池、水泵、消火栓等设施的位置、规格、数量等；③设置应急照明的场所，应急照明灯具的类型、数量、安装位置等；④在建工程永久性消防设施临时投入使用的安排及说明；⑤安全疏散的线路（位置）、疏散设施搭设的方法及要求等。

3. 工程监理单位

工程监理单位应当审查施工组织设计中的（施工消防）安全技术措施或者专项施工方案是否符合工程建设强制性标准。

工程监理单位在实施监理过程中，发现存在（施工消防）安全事故隐患的，应当要求施工单位整改；情况严重的，应当要求施工单位暂时停止施工，并及时报告建设单位。施工单位拒不整改或者不停止施工的，工程监理单位应当及时向有关主管部门报告。

工程监理单位和监理工程师应当按照法律、法规和工程建设强制性标准实施监理，并对建设工程安全生产承担监理责任。

> **案例**：成都市某公司在绵阳市承建某房产项目绿化工程的过程中，未及时消除施工现场存在的安全隐患，未在有较大危险因素坑洞边设置明显的安全警示标志，导致发生致1人死亡的安全生产责任事故。
>
> **处罚情况**：行政机关依据《安全生产法》的相关规定，对该公司作出罚款48 000元的行政处罚。项目负责人邓某未及时消除施工现场存在的安全隐患，安全生产工作职责履职不到位，行政机关依据《安全生产法》和《建设工程安全生产管理条例》的相关规定，对其作出责令停止执业6个月的行政处罚，并由市应急管理部门另行对其作出罚款的处罚。项目专职安全生产管理人员孙某未根据工程安全生产特点对工程施工现场进行经常性检查，安全生产工作职责履职不到位，行政机关依据《安全生产法》《建设工程安全生产管理条例》的相关规定，对其作出责令停止执业6个月并处罚款23 000元的行政处罚。

（三）城镇燃气的消防安全管理

国务院建设主管部门负责全国的燃气管理工作。县级以上地方人民政府燃气管理部门负责本行政区域内的燃气管理工作。县级以上人民政府和其他有关部门依照有关法律、法规的规定，在各自职责范围内负责有关燃气管理工作。

1. 燃气用户及相关单位的消防安全管理

燃气用户及相关单位和个人不得有下列行为：①擅自操作公用燃气阀门；②将燃气管道作为负重支架或者接地引线；③安装、使用不符合气源要求的燃气燃烧器具；④擅自安装、改装、拆除户内燃气设施和燃气计量装置；⑤在不具备安全条件的场所使用、储存燃气；⑥改变燃气用途或者转供燃气的；⑦未设立售后服务站点或者未配备经考核合格的燃气燃烧器具安装、维修人员的；⑧燃气燃烧器具的安装、维修不符合国家有关标准的。对于违反上述规定的，由燃气管理部门责令限期改正；逾期不改正的，对单位可以处 10 万元以下罚款，对个人可以处 1 000 元以下罚款；造成损失的，依法承担赔偿责任；构成犯罪的，依法追究刑事责任。

2. 城镇燃气使用的消防安全管理

（1）燃气用户是燃气使用安全的责任主体，应当提高燃气安全意识，掌握燃气安全知识，按照安全用气规则正确使用燃气。

燃气用户应当使用符合国家标准的燃烧器具及配件产品，燃气灶具应当带熄火保护装置，严禁使用不合格燃具。燃气使用过程中，应当有人监护，防止汤水溢出扑灭火焰或干烧造成事故。用气完毕后，管道燃气用户应当关闭燃气灶前阀和燃烧器具阀门，瓶装气用户应当关闭钢瓶角阀和燃烧器具阀门。

经常检查室内燃气设施是否完好，定期使用肥皂液、报警器检查是否存在燃气泄漏，严禁使用明火试验检漏。发现室内燃气泄漏时，禁止开关电器，应当先关闭燃气表前阀门或者液化石油气钢瓶角阀及燃烧器具阀门，然后打开门窗通风，之后到室外拨打电话报警并报告燃气供应单位。

（2）燃气企业要切实履行供气安全责任，认真开展入户安全检查工作，定期上门检查用户安全用气情况。

（3）瓶装液化石油气经营充装企业负责人、安全管理人员、充装人员在取得相应的资质证书后，方可上岗。气瓶充装前、后，应当由充装检查人员按照相关安全技术规范和标准逐瓶进行安全检查并记录。严禁充装报废气瓶、翻新气瓶、超期未检气瓶、改装气瓶、"黑户瓶"，以及钢印标识不清和严重损伤等其他不合格气瓶；严禁充装未在本单位建立电子档案并附有信息识别码的气瓶。

燃气供应企业对城市居民用户燃气设施及安全用气情况每年至少检查 1 次，对商业用户和农村用户燃气设施及安全用气情况每半年至少检查 1 次。要加强对瓶装液化石油气气瓶减压阀及接口处、软管与燃烧器具连接处等易漏气部位的检查，指导用户做到安全用气。

任何单位和个人发现燃气安全事故或者燃气安全事故隐患等情况，应当立即告知燃气经营者，或

者向燃气管理部门、消防救援机构等有关部门和单位报告。燃气安全事故发生后，燃气经营者应当立即启动本单位燃气安全事故应急预案，组织抢险、抢修。燃气安全事故发生后，燃气管理部门、安全生产监督管理部门和消防救援机构等有关部门和单位，应当根据各自职责，立即采取措施防止事故扩大，根据有关情况启动燃气安全事故应急预案。

（四）公众聚集场所和大型群众性活动的消防安全管理

1. 公众聚集场所的消防安全管理

公众聚集场所是指宾馆、饭店、商场、集贸市场、客运车站候车室、客运码头候船厅、民用机场航站楼、体育场馆、会堂以及公共娱乐场所等。公众聚集场所在投入使用、营业前，建设单位或者使用单位应当向场所所在地的县级以上地方人民政府消防救援机构申请消防安全检查。

公众聚集场所的消防安全由本单位全面负责，实行消防安全责任制。公众聚集场所的消防安全责任人应当由法定代表人、主要负责人担任，并落实下列消防安全职责：①贯彻执行消防法律法规，保障场所消防安全条件符合规定，掌握本场所的消防安全情况；②将消防安全管理与本场所的经营、管理等活动统筹安排，批准实施年度消防工作计划；③为本场所的消防安全提供必要的经费和组织保障；④确定逐级消防安全责任，批准实施消防安全制度和保障消防安全的操作规程；⑤组织防火检查，督促落实火灾隐患整改，及时处理涉及消防安全的重大问题；⑥依照规定建立专职消防队、志愿消防队（微型消防站）；⑦组织制定符合本场所实际的灭火和应急疏散预案，并实施演练。

2. 大型群众性活动的消防安全管理

大型群众性活动是指法人或其他组织面向社会公众举办的每场次预计参加人数达到1000人以上的活动，包括体育比赛、演唱会、音乐会、展览、游园、庙会、花会、焰火晚会等，以及人才招聘会、现场开奖的彩票销售等活动。大型群众性活动的安全管理应当遵循"安全第一、预防为主"的方针，坚持承办者负责、政府监管的原则。

微课：大型群众性活动的消防安全管理

县级以上人民政府公安机关负责大型群众性活动的安全管理工作。大型群众性活动的承办者（以下简称"承办者"）对其承办活动的安全负责。承办者的主要负责人为大型群众性活动的安全责任人。承办者应当制订大型群众性活动安全工作方案。

大型群众性活动安全工作方案包括下列内容：①活动的时间、地点、内容及组织方式；②安全工作人员的数量、任务分配和识别标志；③活动场所消防安全措施；④活动场所可容纳的人员数量以及活动预计参加人数；⑤治安缓冲区域的设定及其标识；⑥入场人员的票证查验和安全检查措施；⑦车辆停放、疏导措施；⑧现场秩序维护、人员疏导措施；⑨应急救援预案。

大型群众性活动的场所管理者具体负责下列安全事项：①保障活动场所、设施符合国家安全标准和安全规定；②保障疏散通道、安全出口、消防车通道、应急广播、应急照明、疏散指示标志符合法律、法规、技术标准的规定；③保障监控设备和消防设施、器材配置齐全、完好有效；④提供必要的停车场地，并维护安全秩序。

二、消防安全管理法律责任

（一）行政处罚

1. 建设工程和公众聚集场所消防安全违法行为的法律责任

有下列行为之一的，由住房和城乡建设主管部门、消防救援机构按照各自职权责令停止施工、停止使用或者停产停业，并处3万元以上30万元以下罚款：①依法应当进行消防设计审查的建设工程，未经依法审查或者审查不合格，擅自施工的；②依法应当进行消防验收的建设工程，未经消防验收或者消防验收不合格，擅自投入使用的；③《中华人民共和国消防法》第十三条规定的其他建设工程验收后经依法抽查不合格，不停止使用的；④公众聚集场所未经消防救援机构许可，擅自投入使用、营业的，或者经核查发现场所使用、营业情况与承诺内容不符的。

核查发现公众聚集场所使用、营业情况与承诺内容不符，经责令限期改正，逾期不整改或者整改后仍达不到要求的，依法撤销相应许可。

建设单位未依照《中华人民共和国消防法》规定在验收后报住房和城乡建设主管部门备案的，由住房和城乡建设主管部门责令改正，处5 000元以下罚款。

2. 消防设计、施工及工程监理不符合标准的法律责任

有下列行为之一的，由住房和城乡建设主管部门责令改正或者停止施工，并处1万元以上10万元以下罚款：①建设单位要求建筑设计单位或者建筑施工企业降低消防技术标准设计、施工的；②建筑设计单位不按照消防技术标准强制性要求进行消防设计的；③建筑施工企业不按照消防设计文件和消防技术标准施工，降低消防施工质量的；④工程监理单位与建设单位或者建筑施工企业串通，弄虚作假，降低消防施工质量的。

3. 单位与个人消防安全违法行为的法律责任

单位有下列行为之一的，责令改正，处5 000元以上50 000元以下罚款：①消防设施、器材或者消防安全标志的配置、设置不符合国家标准、行业标准，或者未保持完好有效的；②损坏、挪用或者擅自拆除、停用消防设施、器材的；③占用、堵塞、封闭疏散通道、安全出口或者有其他妨碍安全疏散行为的；④埋压、圈占、遮挡消火栓或者占用防火间距的；⑤占用、堵塞、封闭消防车通道，妨碍消防车通行的；⑥人员密集场所在门窗上设置影响逃生和灭火救援的障碍物的；⑦对火灾隐患经消防救援机构通知后不及时采取措施消除的。个人有以上②～⑤行为之一的，处警告或者500元以下罚款；有③～⑥行为之一的，经责令改正拒不改正的，强制执行，所需费用由违法行为人承担。

4. 住房和城乡建设主管部门、消防救援机构工作人员的法律责任

住房和城乡建设主管部门、消防救援机构的工作人员滥用职权、玩忽职守、徇私舞弊，有下列行为之一，尚不构成犯罪的，依法给予处分：①对不符合消防安全要求的消防设计文件、建设工程、场所准予审查合格、消防验收合格、消防安全检查合格的；②无故拖延消防设计审查、消防验收、消防安全检查，不在法定期限内履行职责的；③发现火灾隐患不及时通知有关单位或者个人整改的；④利用职务为用户、建设单位指定或者变相指定消防产品的品牌、销售单位或者消防技术服务机构、消防

设施施工单位的；⑤将消防车、消防艇以及消防器材、装备和设施用于与消防和应急救援无关的事项的；⑥其他滥用职权、玩忽职守、徇私舞弊的行为。产品质量监督、工商行政管理等其他有关行政主管部门的工作人员在消防工作中滥用职权、玩忽职守、徇私舞弊，尚不构成犯罪的，依法给予处分。

（二）刑事犯罪

目前，《中华人民共和国刑法》中规定的与消防相关的刑事犯罪主要包括失火罪、放火罪、消防责任事故罪、重大责任事故罪、强令违章冒险作业罪、重大劳动安全事故、大型群众性活动重大安全事故罪、工程重大安全事故罪等。

文件：《中华人民共和国刑法》

1. 失火罪

失火罪是指由于行为人的过失引起火灾，造成严重后果，危害公共安全的行为。

过失引起火灾，涉嫌下列情形之一的，应予立案追诉：①造成死亡1人以上，或者重伤3人以上的；②造成公共财产或者他人财产直接经济损失50万元以上的；③造成10户以上家庭的房屋以及其他基本生活资料烧毁的；④造成森林火灾，过火有林地面积2公顷（1公顷=10 000平方米）以上，或者过火疏林地、灌木林地、未成林地、苗圃地面积4公顷以上的；⑤其他造成严重后果的情形。

犯失火罪的，处3年以上7年以下有期徒刑；情节较轻的，处3年以下有期徒刑或者拘役。

2. 放火罪

放火罪是指故意放火焚烧公私财物，危害公共安全的行为。

《中华人民共和国刑法》规定，放火罪是危害公共安全罪的具体罪名之一。放火罪是一种故意犯罪，其侵犯的客体是公共安全，即不特定的多数人的生命、健康或者重大公私财产的安全。放火危害公共安全，一般包括：一是危及不特定的多数人的生命、健康的安全；二是危及重大公私财产的安全；三是既危及不特定的多数人的生命、健康安全，同时又危及重大公私财产的安全。

3. 消防责任事故罪

消防责任事故罪是指违反消防管理法规，经消防监督机构通知采取改正措施而拒绝执行，造成严重后果，危害公共安全的行为。

违反消防管理法规，经消防监督机构通知采取改正措施而拒绝执行，涉嫌下列情形之一的，应予立案追诉：①导致死亡1人以上，或者重伤3人以上的；②直接经济损失50万元以上的；③造成森林火灾，过火有林地面积2公顷以上，或者过火疏林地、灌木林地、未成林地、苗圃地面积4公顷以上的；④其他造成严重后果的情形。

犯消防责任事故罪，处3年以下有期徒刑或者拘役；后果特别严重的，处3年以上7年以下有期徒刑。

4. 重大责任事故罪

重大责任事故罪是指在生产、作业中违反有关安全管理的规定，因而发生重大伤亡事故或者造成其他严重后果的行为。

犯重大责任事故罪，处3年以下有期徒刑或者拘役；情节特别恶劣的，处3年以上7年以下有期徒刑。

5. 强令违章冒险罪

强令他人违章冒险作业，或者明知存在重大事故隐患而不排除，仍冒险组织作业，因而发生重大伤亡事故或者造成其他严重后果的，处5年以下有期徒刑或者拘役；情节特别恶劣的，处5年以上有期徒刑。

6. 重大劳动安全事故罪

重大劳动安全事故罪是指安全生产设施或者安全生产条件不符合国家规定，因而发生重大伤亡事故或者造成其他严重后果的行为。

安全生产设施或者安全生产条件不符合国家规定，因而发生重大伤亡事故或者造成其他严重后果的，对直接负责的主管人员和其他直接责任人员，处3年以下有期徒刑或者拘役；情节特别恶劣的，处3年以上7年以下有期徒刑。

7. 大型群众活动重大安全事故罪

大型群众性活动重大安全事故罪是指举办大型群众性活动违反安全管理规定，因而发生重大伤亡事故或者造成其他严重后果的行为。

举办大型群众性活动违反安全管理规定，因而发生重大伤亡事故或者造成其他严重后果的，对直接负责的主管人员和其他直接责任人员，处3年以下有期徒刑或者拘役；情节特别恶劣的，处3年以上或者7年以下有期徒刑。

8. 工程重大安全事故罪

工程重大安全事故罪是指建设单位、设计单位、施工单位、工程监理单位违反国家规定，降低工程质量标准，造成重大安全事故的行为。

建设单位、设计单位、施工单位、工程监理单位违反国家规定，降低工程质量标准，造成重大安全事故的，对直接责任人员，处5年以下有期徒刑或者拘役，并处罚金；后果特别严重的，处5年以上10年以下有期徒刑，并处罚金。

第二节　安全生产管理法律法规与法律责任

一、安全生产管理法律法规

安全生产法律体系是一个包含多种法律形式和法律层次的综合性系统。从法律规范的形式和特点来讲，该法律体系既包括作为整个安全生产法律法规基础的宪法规范，也包括行政法律规范、技术性法律规范和程序性法律规范。

（一）《中共中央　国务院关于推进安全生产领域改革发展的意见》

2016年12月18日，中华人民共和国中央政府网站公布《中共中央　国务院关于推进安全生产领域改革发展的意见》（以下简称《意见》）。该《意见》对推动我国安全生产工作具有里程碑式的重大意义。《意见》的主要内容包括总体要求、健全落实安全生产责任制、改革安全监管监察体制、大力推进依法治理、建立安全预防控制体系、加强安全基础保障能力建设。其中，准确把握安全生产领域改革发展的大方向包含以下几个方面的内容。

1. 一个重点

安全生产是关系人民群众生命财产安全的大事，是经济社会协调健康发展的标志，是党和政府对人民利益高度负责的要求。党中央、国务院历来高度重视安全生产工作，党的十八大以来作出一系列重大决策部署，推动全国安全生产工作取得积极进展。当前，我国正处在工业化、城镇化持续推进过程中，生产经营规模不断扩大，传统和新型生产经营方式并存，各类事故隐患和安全风险交织叠加，安全生产基础薄弱、监管体制机制和法律制度不完善、企业主体责任落实不力等问题依然突出，生产安全事故易发多发，尤其是重特大安全事故频发势头尚未得到有效遏制，一些事故发生呈现由高危行业领域向其他行业领域蔓延趋势，直接危及生产安全和公共安全。

2. 两个意识

（1）红线意识。人命关天，发展绝不能以安全为代价，这必须作为一条不可逾越的红线。

（2）责任意识。坚持党政同责、一岗双责、齐抓共管、失职追责，完善安全生产责任体系。必须认真履行安全生产主体责任，做到安全投入到位、安全培训到位、基础管理到位、应急救援到位。

3. 五个坚持

（1）坚持安全发展。贯彻以人民为中心的发展思想，始终把人的生命安全放在首位，正确处理安全与发展的关系，大力实施安全发展战略，为经济社会发展提供强有力的安全保障。

（2）坚持改革创新。不断推进安全生产理论创新、制度创新、体制机制创新、科技创新和文化创新，增强企业内生动力，激发全社会创新活力，破解安全生产难题，推动安全生产与经济社会协调发展。

（3）坚持依法监管。大力弘扬社会主义法治精神，运用法治思维和法治方式，深化安全生产监管执法体制改革，完善安全生产法律法规和标准体系，严格规范公正文明执法，增强监管执法效能，提高安全生产法治化水平。

（4）坚持源头防范。严格安全生产市场准入制度，经济社会发展要以安全为前提，把安全生产贯穿城乡规划布局、设计、建设、管理和企业生产经营活动的全过程。构建风险分级管控和隐患排查治理双重预防工作机制，严防风险演变、隐患升级导致生产安全事故发生。

（5）坚持系统治理。严密层级治理和行业治理、政府治理、社会治理相结合的安全生产治理体系，组织动员各方面力量实施社会共治。综合运用法律、行政、经济、市场等手段，落实人防、技防、物防措施，提升全社会安全生产治理能力。

4. 健全落实安全生产责任制

（1）明确地方党委和政府领导责任。坚持党政同责、一岗双责、齐抓共管、失职追责，完善安全生产责任体系。地方各级党委和政府要始终把安全生产摆在重要位置，加强组织领导。党政主要负责人是本地区安全生产第一责任人，班子其他成员对分管范围内的安全生产工作负领导责任。地方各级安全生产委员会主任由政府主要负责人担任，成员由同级党委和政府及相关部门负责人组成。

地方各级党委要认真贯彻执行党的安全生产方针，在统揽本地区经济社会发展全局中同步推进安全生产工作，定期研究决定安全生产重大问题。加强安全生产监管机构领导班子、干部队伍建设。严格安全生产履职绩效考核和失职责任追究。强化安全生产宣传教育和舆论引导。发挥人大对安全生产工作的监督促进作用、政协对安全生产工作的民主监督作用。推动组织、宣传、政法、机构编制等单位支持保障安全生产工作。动员社会各界积极参与、支持、监督安全生产工作。

地方各级政府要把安全生产纳入经济社会发展总体规划，制定实施安全生产专项规划，健全安全投入保障制度。及时研究部署安全生产工作，严格落实属地监管责任。充分发挥安全生产委员会作用，实施安全生产责任目标管理。建立安全生产巡查制度，督促各部门和下级政府履职尽责。加强安全生产监管执法能力建设，推进安全科技创新，提升信息化管理水平。严格安全准入标准，指导管控安全风险，督促整治重大隐患，强化源头治理。加强应急管理，完善安全生产应急救援体系。依法依规开展事故调查处理，督促落实问题整改。

（2）明确部门监管责任。按照管行业必须管安全、管业务必须管安全、管生产经营必须管安全和谁主管谁负责的原则，厘清安全生产综合监管与行业监管的关系，明确各有关部门安全生产和职业健康工作职责，并落实到部门工作职责规定中。安全生产监督管理部门负责安全生产法规标准和政策规划的制定修订、执法监督、事故调查处理、应急救援管理、统计分析、宣传教育培训等综合性工作，承担职责范围内行业领域安全生产和职业健康监管执法职责。负有安全生产监督管理职责的有关部门依法依规履行相关行业领域安全生产和职业健康监管职责，强化监管执法，严厉查处违法违规行为。其他行业领域主管部门负有安全生产管理责任，要将安全生产工作作为行业领域管理的重要内容，从行业规划、产业政策、法规标准、行政许可等方面加强行业安全生产工作，指导督促企事业单位加强安全管理。党委和政府其他有关部门要在职责范围内为安全生产工作提供支持保障，共同推进安全发展。

（3）严格落实企业主体责任。企业对本单位安全生产和职业健康工作负全面责任，要严格履行安全生产法定责任，建立健全自我约束、持续改进的内生机制。企业实行全员安全生产责任制度，法定代表人和实际控制人同为安全生产第一责任人，主要技术负责人负有安全生产技术决策和指挥权，强化部门安全生产职责，落实一岗双责。完善落实混合所有制企业以及跨地区、多层级和境外中资企业投资主体的安全生产责任。建立企业全过程安全生产和职业健康管理制度，做到安全责任、管理、投入、培训和应急救援"五到位"。国有企业要发挥安全生产工作示范带头作用，自觉接受属地监管。

（4）健全责任考核机制。建立与全面建成小康社会相适应和体现安全发展水平的考核评价体系。完善考核制度，统筹整合、科学设定安全生产考核指标，加大安全生产在社会治安综合治理、精神文明建设等考核中的权重。各级政府要对同级安全生产委员会成员单位和下级政府实施严格的安全生产工作责任考核，实行过程考核与结果考核相结合。各地区各单位要建立安全生产绩效与履职评定、职务晋升、奖励惩处挂钩制度，严格落实安全生产"一票否决"制度。

（5）严格责任追究制度。实行党政领导干部任期安全生产责任制，日常工作依责尽职、发生事故依责追究。依法依规制定各有关部门安全生产权力和责任清单，尽职照单免责、失职照单问责。建立企业生产经营全过程安全责任追溯制度。严肃查处安全生产领域项目审批、行政许可、监管执法中的失职渎职和权钱交易等腐败行为。严格事故直报制度，对瞒报、谎报、漏报、迟报事故的单位和个人依法依规追责。对被追究刑事责任的生产经营者依法实施相应的职业禁入，对事故发生负有重大责任的社会服务机构和人员依法严肃追究法律责任，并依法实施相应的行业禁入。

（二）《中华人民共和国安全生产法》

2021年6月10日，第十三届全国人民代表大会常务委员会第二十九次会议通过《全国人民代表大会常务委员会关于修改〈中华人民共和国安全生产法〉的决定》，自2021年9月1日起施行。《安全生产法》出台的目的是加强安全生产工作，防止和减少生产安全事故，保障人民群众生命和财产安全，促进经济社会持续健康发展。其内容主要包括总则、生产经营单位的安全生产保障、从业人员的安全生产权利义务、安全生产的监督管理、生产安全事故的应急救援与调查处理、法律责任和附则，共七章一百一十九条。

1. 坚持以人为本，推进安全发展

《安全生产法》提出安全生产工作应当以人为本，坚持人民至上、生命至上，把保护人民生命安全摆在首位，充分体现了习近平总书记等中央领导同志关于安全生产工作一系列重要指示精神。在坚守发展的过程中，不能以牺牲安全为代价，牢固树立"以人为本、生命至上"的理念，正确处理重大险情和事故应急救援中"保财产"还是"保人命"等问题。

2. 建立完善安全生产方针和工作机制

《安全生产法》确立了"安全第一、预防为主、综合治理"的方针，明确了安全生产的重要地位、主体任务和实现安全生产的根本途径。"安全第一"要求从事生产经营活动必须把安全放在首位，不能以牺牲人的生命、健康为代价来换取发展和效益。"预防为主"要求把安全生产工作的重心放在预防上，强化隐患排查治理，"打非治违"，从源头上控制、预防和减少生产安全事故。"综合治理"要求运用行政、经济、法治、科技等多种手段，充分发挥社会、职工、舆论监督各个方面的作用，抓好安全生产工作。坚持安全生产方针，总结实践经验，建立生产经营单位负责、职工参与、政府监管、行业自律、社会监督的机制，进一步明确各方安全生产职责。做好安全生产工作，落实生产经营单位主体责任是根本，职工参与是基础，政府监管是关键，行业自律是发展方向，社会监督是实现预防和减少生产安全事故的保障。

3. 强化"三个必须"，明确安全监管部门执法地位

按照"三个必须"（管行业必须管安全、管业务必须管安全、管生产经营必须管安全）的要求，

国务院和县级以上地方人民政府应当建立健全安全生产工作协调机制，及时协调、解决安全生产监督管理中存在的重大问题。国务院和县级以上地方人民政府安全生产监督管理部门实施综合监督管理，有关部门在各自职责范围内对有关行业、领域的安全生产工作实施监督管理，并将其统称为负有安全生产监督管理职责的部门。各级安全生产监督管理部门和其他负有安全生产监督管理职责的部门作为执法部门，依法开展安全生产行政执法工作，对生产经营单位执行法律法规、国家标准或者行业标准的情况进行监督检查。

4. 明确相关部门和机构的职责

乡镇人民政府和街道办事处，以及开发区、工业园区、港区、风景区等应当明确负责安全生产监督管理的有关工作机构及其职责，加强安全生产监管力量建设，按照职责对本行政区域或者管理区域内生产经营单位安全生产状况进行监督检查，协助人民政府有关部门或者按照授权依法履行安全生产监督管理职责。同时，乡镇人民政府和街道办事处，以及开发区、工业园区、港区、风景区等应当制定相应的生产安全事故应急救援预案，协助人民政府有关部门或者按照授权依法履行生产安全事故应急救援工作职责。

5. 进一步明确生产经营单位的安全生产主体责任

做好安全生产工作，落实生产经营单位的主体责任是根本。新修正的《安全生产法》把明确安全责任、发挥生产经营单位安全生产管理机构和安全生产管理人员的作用作为一项重要内容，作了重要规定：一是明确生产经营单位委托规定的机构提供安全生产技术、管理服务的，保证安全生产的责任仍然由本单位负责；二是明确生产经营单位的安全生产责任制的内容，规定生产经营单位应当建立相应的机制，加强对安全生产责任制落实情况的监督考核；三是明确生产经营单位的安全生产管理机构以及安全生产管理人员履行的7项职责。

生产经营单位的主要负责人对本单位安全生产工作负有下列职责：①建立健全并落实本单位安全生产责任制，加强安全生产标准化建设；②组织制定并落实本单位安全生产规章制度和操作规程；③组织制定并实施本单位安全生产教育和培训计划；④保证本单位安全生产投入的有效实施；⑤组织建立并落实安全风险分级管控和隐患排查治理双重预防工作机制，督促、检查本单位的安全生产工作，及时消除生产安全事故隐患；⑥组织制定并实施本单位的生产安全事故应急救援预案；⑦及时、如实报告生产安全事故。

矿山、金属冶炼、建筑施工、道路运输单位和危险物品的生产、经营、储存单位，应当设置安全生产管理机构或者配备专职安全生产管理人员。

除以上规定以外的其他生产经营单位，从业人员超过100人的，应当设置安全生产管理机构或者配备专职安全生产管理人员；从业人员在100人以下的，应当配备专职或者兼职的安全生产管理人员。

生产经营单位的安全生产管理机构以及安全生产管理人员履行下列职责：①组织或者参与拟订本单位安全生产规章制度、操作规程和生产安全事故应急救援预案；②组织或者参与本单位安全生产教育和培训，如实记录安全生产教育和培训情况；③组织开展危险源辨识和风险评估工作，督促落实本单位重大危险源的安全管理措施；④组织或者参与本单位应急救援演练；⑤检查本单位的安全生产状况，及时排查生产安全事故隐患，提出改进安全生产管理的建议；⑥制止和纠正违章指挥、强令冒险作业、违反操作规程的行为；⑦督促落实本单位安全生产整改措施。

6. 建立预防安全生产事故的制度

《安全生产法》把加强事前预防、强化隐患排查治理作为一项重要内容，主要包括：一是生产经营单位应当建立健全生产安全事故隐患排查治理制度，采取技术、管理措施，及时发现并消除事故隐患。事故隐患排查治理情况应当如实记录，并向从业人员通报。二是县级以上地方各级人民政府负有安全生产监督管理职责的部门应当建立健全重大事故隐患治理督办制度，督促生产经营单位消除重大事故隐患。三是对未建立隐患排查治理制度、未采取有效措施消除事故隐患的行为，设定了严格的行政处罚。四是赋予负有安全监管职责的部门对拒不执行执法决定，有发生生产安全事故现实危险的生产经营单位依法采取停电、停供民用爆炸物品等措施，强制生产经营单位履行决定的权力。

7. 建立安全生产标准化制度

安全生产标准化是在传统的安全质量标准化基础上，根据当前安全生产工作的要求、企业生产工艺特点，借鉴国外现代先进安全管理思想，形成的一套系统的、规范的、科学的安全管理体系。2016年12月13日，原国家质检总局、国家标准委发布2016年第23号中国国家标准公告，批准发布了《企业安全生产标准化基本规范》（GB/T 33000—2016），并于2017年4月1日实施。该标准规定了企业安全生产标准化管理体系建立、保持与评定的原则和一般要求，以及目标职责、制度化管理、教育培训、现场管理、安全风险管控及隐患排查治理、应急管理、事故管理和持续改进8个体系的核心技术要求。强调企业安全生产工作的规范化、系统化、标准化，达到企业安全管理、安全技术、安全作业标准化，实现安全生产长效机制。

8. 推行注册安全工程师制度

为了解决中小企业安全生产"无人管、不会管"问题，促进安全生产管理队伍朝着专业化、职业化方向发展，国家自2004年以来实施全国注册安全工程师执业资格统一考试。《安全生产法》确立了注册安全工程师制度，并从两个方面加以推进：一是危险物品的生产、储存单位，以及矿山、金属冶炼单位应当有注册安全工程师从事安全生产管理工作，鼓励其他生产经营单位聘用注册安全工程师从事安全生产管理工作；二是建立注册安全工程师按专业分类管理制度，授权国务院有关部门制定具体实施办法。

9. 推进并实施安全生产责任保险制度

《安全生产法》总结近年来的试点经验，通过引入保险机制，促进安全生产，规定国家鼓励生产经营单位投保安全生产责任保险。安全生产责任保险具有其他保险所不具备的特殊功能和优势：一是增加事故救援费用和第三人（事故单位从业人员以外的事故受害人）赔付的资金来源，有助于减轻政府负担，维护社会稳定；目前有的地区还提供了一部分资金用于对事故死亡人员家属的补偿。二是有利于现行安全生产经济政策的完善和发展。原国家安全监督管理总局、原保监会和财政部共同制定了《安全生产责任保险实施办法》（以下简称《办法》），明确从 2018 年 1 月 1 日起，各地区要根据实际情况确定安全生产责任保险中涉及人员死亡的最低赔偿金额，每死亡 1 人按不低于 30 万元赔偿。《办法》所称安全生产责任保险，是指保险机构对投保的生产经营单位发生的生产安全事故造成的人员伤亡和有关经济损失等予以赔偿，并且为投保的生产经营单位提供生产安全事故预防服务的商业保险。

《办法》要求，煤矿、非煤矿山、危险化学品、烟花爆竹、交通运输、建筑施工、民用爆炸物品、金属冶炼、渔业生产等高危行业领域的生产经营单位应当投保安全生产责任保险。鼓励其他行业领域生产经营单位投保安全生产责任保险。各地区可针对本地区安全生产特点，明确应当投保的生产经营单位。存在高危粉尘作业、高毒作业或其他严重职业病危害的生产经营单位，可以投保职业病相关保险。

安全生产责任保险的保险责任包括投保的生产经营单位的从业人员人身伤亡赔偿，第三者人身伤亡和财产损失赔偿，事故抢险救援、医疗救护、事故鉴定、法律诉讼等费用。

10. 加大对安全生产违法行为的责任追究力度

（1）规定事故行政处罚和终身行业禁入。一是将行政法规的规定上升为法律条文，按照 2 个责任主体、4 个事故等级，设立了对生产经营单位及其主要负责人的 8 项罚款处罚规定。二是大幅提高对事故责任单位的罚款金额：发生一般事故的，罚款 30 万元以上 100 万元以下；发生较大事故的，罚款 100 万元以上 200 万元以下；发生重大事故的，罚款 200 万元以上 1 000 万元以下；发生特别重大事故的，罚款 1 000 万元以上 2 000 万元以下；发生生产安全事故情节特别严重、影响特别恶劣的，应急管理部门可以按照以上罚款数额的 2 倍以上 5 倍以下对负有责任的生产经营单位处以罚款。三是进一步明确主要负责人对重大、特别重大事故负有责任的，终身不得担任本行业生产经营单位的主要负责人。

（2）加大罚款处罚力度。结合各地区经济发展水平、企业规模等实际，《安全生产法》维持罚款下限基本不变，将罚款上限提高了 2 倍至 5 倍，并且大多数罚则不再将限期整改作为前置条件，反映了"打非治违""重典治乱"的现实需要，强化了对安全生产违法行为的震慑力，也有利于降低执法成本、提高执法效能。

（3）建立严重违法行为公告和通报制度。负有安全生产监督管理职责的部门建立安全生产违法行为信息库，如实记录生产经营单位的安全生产违法行为信息；对违法行为情节严重的生产经营单位，应当向社会公告，并通报行业主管部门、投资主管部门、国土资源主管部门、证券监督管理部门和有关金融机构。

11. 规定了从业人员的权利和义务

《安全生产法》规定了从业人员的权利和义务。生产经营单位与从业人员订立的劳动合同，应当载明有关保障从业人员劳动安全、防止职业危害的事项，以及依法为从业人员办理工伤保险的事项。生产经营单位不得以任何形式与从业人员订立协议，免除或者减轻其对从业人员因生产安全事故伤亡依法应承担的责任。

（三）《生产安全事故报告和调查处理条例》

2007年3月28日，国务院第172次常务会议通过了《生产安全事故报告和调查处理条例》，自2007年6月1日起施行。此条例是为了规范生产安全事故的报告和调查处理，落实生产安全事故责任追究制度，防止和减少生产安全事故，根据《安全生产法》和有关法律而制定，共六章四十六条。

1. 该条例的适用范围

生产经营活动中发生的造成人身伤亡或者直接经济损失的生产安全事故的报告和调查处理，适用此条例；环境污染事故、核设施事故、国防科研生产事故的报告和调查处理不适用此条例。

2. 事故上报的内容与注意事项

事故上报的内容包括：①事故发生单位概况；②事故发生的时间、地点以及事故现场情况；③事故的简要经过；④事故已经造成或者可能造成的伤亡人数（包括下落不明的人数）和初步估计的直接经济损失；⑤已经采取的措施；⑥其他应当报告的情况。

事故发生后，事故现场有关人员应当立即向本单位负责人报告。单位负责人接到报告后，应当于1小时内向事故发生地县级以上人民政府安全生产监督管理部门和负有安全生产监督管理职责的有关部门报告。

情况紧急时，事故现场有关人员可以直接向事故发生地县级以上人民政府应急管理部门、负有安全生产监督管理职责的部门和负有安全生产监督管理职责的有关部门报告。

安全生产监督管理部门和负有安全生产监督管理职责的有关部门逐级上报事故情况，每级上报的时间不得超过2小时。事故报告后出现新情况的，应当及时补报。

自事故发生之日起30日内，事故造成的伤亡人数发生变化的，应当及时补报。道路交通事故、火灾事故自发生之日起7日内，事故造成的伤亡人数发生变化的，应当及时补报。

3. 事故报告的原则与注意事项

事故调查处理应当坚持实事求是、尊重科学的原则，及时、准确地查清事故经过、事故原因和事故损失，查明事故性质，认定事故责任，总结事故教训，提出整改措施，并对事故责任者依法追究责任。

县级以上人民政府应当依照此条例的规定，严格履行职责，及时、准确地完成事故调查处理工作。事故发生地有关地方人民政府应当支持、配合上级人民政府或者有关部门的事故调查处理工作，并提供必要的便利条件；参加事故调查处理的部门和单位应当互相配合，提高事故调查处理工作的效率。

任何单位和个人不得阻挠和干涉对事故的报告和依法调查处理。

4. 事故调查的时限与内容

事故调查组应当自事故发生之日起60日内提交事故调查报告。特殊情况下，经负责事故调查的人民政府批准，提交事故调查报告的期限可以适当延长，但延长的期限最长不超过60日。

事故调查报告应当包括：①事故发生单位概况；②事故发生经过和事故救援情况；③事故造成

的人员伤亡和直接经济损失；④事故发生的原因和事故性质；⑤事故责任的认定以及对事故责任者的处理建议；⑥事故防范和整改措施。事故调查报告应当附具有关证据材料。事故调查组成员应当在事故调查报告上签名。

二、安全生产管理法律责任

（一）负有安全生产监督管理职责的部门的工作人员的法律责任

负有安全生产监督管理职责的部门的工作人员，有下列行为之一的，给予降级或者撤职的处分；构成犯罪的，依照刑法有关规定追究刑事责任：①对不符合法定安全生产条件的涉及安全生产的事项予以批准或者验收通过的；②发现未依法取得批准、验收的单位擅自从事有关活动或者接到举报后不予取缔或者不依法予以处理的；③对已经依法取得批准的单位不履行监督管理职责，发现其不再具备安全生产条件而不撤销原批准或者发现安全生产违法行为不予查处的；④在监督检查中发现重大事故隐患，不依法及时处理的。负有安全生产监督管理职责的部门的工作人员有上述规定以外的滥用职权、玩忽职守、徇私舞弊行为的，依法给予处分；构成犯罪的，依照刑法有关规定追究刑事责任。

（二）生产经营单位主要负责人的法律责任

生产经营单位的主要负责人未履行《安全生产法》规定的安全生产管理职责的，责令限期改正，处2万元以上5万元以下的罚款；逾期未改正的，处5万元以上10万元以下的罚款，责令生产经营单位停产停业整顿。

生产经营单位的主要负责人有违法行为，导致发生生产安全事故的，给予撤职处分；构成犯罪的，依照刑法有关规定追究刑事责任。

生产经营单位的主要负责人依照上述规定受刑事处罚或者撤职处分的，自刑罚执行完毕或者受处分之日起，5年内不得担任任何生产经营单位的主要负责人；对重大、特别重大生产安全事故负有责任的，终身不得担任本行业生产经营单位的主要负责人。

案例：2023年8月2日，湖南省长沙市望城区应急管理局执法人员对某节能科技股份有限公司进行执法检查，发现该公司主要负责人刘某俊存在未建立健全并落实本单位全员安全生产责任制，未组织制订并实施本单位安全生产教育和培训计划，未督促检查本单位的安全生产工作，未及时消除生产安全事故隐患的行为。依据《安全生产法》第九十四条第一款的规定，望城区应急管理局责令其限期整改，对其作出处3万元罚款的行政处罚。

生产经营单位的主要负责人未履行《安全生产法》规定的安全生产管理职责，导致发生生产安全事故的，由应急管理部门依照下列规定处以罚款：①发生一般事故的，处上一年年收入40%的罚款；②发生较大事故的，处上一年年收入60%的罚款；③发生重大事故的，处上一年年收入80%的罚款；④发生特别重大事故的，处上一年年收入100%的罚款。

（三）生产经营单位的法律责任

生产经营单位有下列行为之一的，责令限期改正，处5万元以下的罚款；逾期未改正的，处5万元以上20万元以下的罚款，对其直接负责的主管人员和其他直接责任人员处1万元以上2万元以下的罚款；情节严重的，责令停产停业整顿；构成犯罪的，依照刑法有关规定追究刑事责任：①未在有较大危险因素的生产经营场所和有关设施、设备上设置明显的安全警示标志的；②安全设备的安装、使用、检测、改造和报废不符合国家标准或者行业标准的；③未对安全设备进行经常性维护、保养和定期检测的；④关闭、破坏直接关系生产安全的监控、报警、防护、救生设备、设施，或者篡改、隐瞒、销毁其相关数据、信息的；⑤未为从业人员提供符合国家标准或者行业标准的劳动防护用品的；⑥危险物品的容器、运输工具，以及涉及人身安全、危险性较大的海洋石油开采特种设备和矿山井下特种设备未经具有专业资质的机构检测、检验合格，取得安全使用证或者安全标志，投入使用的；⑦使用应当淘汰的危及生产安全的工艺、设备的；⑧餐饮等行业的生产经营单位使用燃气未安装可燃气体报警装置的。

案例1：2023年3月8日，上海市长宁区应急管理局行政执法人员对某连锁酒店（上海）有限公司进行执法检查时发现，该公司8楼楼顶水箱和6楼380伏配电室及配电柜未设置明显的安全警示标志。上述行为违反了《安全生产法》第三十五条的规定。

上海市长宁区应急管理局依据《安全生产法》第九十九条第一项，责令该公司限期改正，并处2万元人民币罚款的行政处罚。

案例2：2024年3月14日，湖南省长沙市集里街道城管中队执法人员来到礼花路二段开展涉餐饮娱乐场所燃气安全隐患排查时，发现某家休闲会所一直使用管道天然气从事餐饮服务，却未按规定安装可燃气体报警装置，存在安全隐患。随后，执法人员出具法律文书，要求门店在1个工作日内整改完毕，同时接受进一步调查。3月15日，经执法人员复查，该场所已拆除天然气接入阀门和计量表，封堵管道，停止天然气使用，隐患得以消除。

根据前期调查及整改完成情况，市城管局依法决定对该会所处以12 000元人民币罚款的行政处罚。

思考与练习

1. 简述城镇燃气使用的消防安全管理。
2. 简述重大责任事故罪的概念。
3. 事故发生之后，事故上报包含哪些内容？
4. 简述事故调查的时限与内容。

职业技能训练

活动1：分组针对近期消防安全事故案例进行责任划分

1. 分组要求：全班分为5个小组，每组8～10人。

2. 讨论内容：消防责任的划分。

3. 活动成果：以小组为单位写出讨论报告。

活动2：运用相关法律法规分析生产安全事故案例

2017年7月26日，位于云南省曲靖市平罗县的某生物科技有限公司的单氰胺生产装置积液罐发生爆炸事故，事故导致2人死亡、2人受伤。

7月26日10时30分左右，该生物科技有限公司单氰胺车间将4号生产线停车后对设备管线进行改造，然后继续进行蒸发浓缩，操作工关闭真空泵、蒸发器、打料泵等设备，并将其单氰胺液体临时存放在4号积液罐内。12时20分，当班班长带领2名职工准备将4号积液罐的料液调入1号、2号生产线的冷冻锅进行存储。现场1名操作工、1名中控工到4号积液罐处准备连接临时管线时，4号积液罐突然发生爆炸，2人经抢救无效死亡，2名救援人员轻伤。

发生事故的单氰胺生产车间属该企业"年产15 800吨氰胺下游衍生物及硫醚三甲胺产品深加工"建设项目一期，于2016年6月6日通过建设项目安全条件审查，但在没有通过安全设施设计审查的情况下开工建设，并于2016年年底基本建成，擅自生产危险化学品。

分析：指出该公司违反《安全生产法》中的具体条款和应承担的责任。

第三章　消防安全宣传教育

知识目标

1. 了解消防安全宣传与教育培训的意义。

2. 掌握消防安全宣传教育培训的内容。

3. 掌握消防安全宣传教育的类型。

4. 掌握消防安全培训相关法律法规的要求。

能力目标

1. 能够更深入、有效地进行消防安全宣传与教育培训。

2. 能够利用宣传教育的方式方法完成消防安全宣传教育任务。

重点与难点

1. 消防安全宣传与教育培训的意义。

2. 消防安全宣传与教育培训的职责。

3. 消防安全宣传与教育培训的内容和形式。

第一节 消防安全宣传与教育培训

《中华人民共和国消防法》中规定，各级人民政府应当组织开展经常性的消防宣传教育，提高公民的消防安全意识。机关、团体、企业、事业等单位，应当加强对本单位人员的消防宣传教育。《机关、团体、企业、事业单位消防安全管理规定》中规定，单位应当通过多种形式开展经常性的消防安全宣传教育。消防安全重点单位对每名员工应当至少每年进行1次消防安全培训。

微课：消防安全宣传与教育培训

一、消防安全宣传与教育培训的意义

消防安全宣传是利用一切可以影响人们消防意识形态的媒介，提高人们的消防安全意识并让人们进一步掌握各类消防常识为目的的社会行为。消防教育培训是一种有组织的消防知识传递、消防技能传递、消防标准传递、消防信息传递、消防理念传递、消防管理训诫行为。二者既有联系，又有区别。消防安全宣传和消防教育培训的原则与目标相同，都是通过一定的形式和手段帮助人们提高消防安全意识，掌握基本的消防常识，掌握基本的防火、灭火技能。二者的区别在于，消防安全宣传的对象是各年龄层次的人民群众，在效果方面注重长期性，在内容上侧重于人民群众消防意识的提高和对基本消防常识的传播；消防教育培训的对象主要是特定的群体，在效果方面注重实效性，在内容上侧重于对消防技能的培训。

（一）提高公众的消防安全意识

如今社会在发展，科学在进步，但一部分人的消防安全意识仍较淡薄。因此，要通过各种媒体和其他形式报道重大火灾或具有典型教育意义的火灾，使人们认识到火灾的惨痛代价和对个人的威胁，以起到警钟长鸣的作用。提高公众的消防安全意识是十分重要的。

（二）提升公众减少火灾危害的知识

人们日常生活环境的消防安全，包括家庭安全用电的知识，取暖、吸烟、使用蜡烛的防火知识，厨房安全用火的知识，安全燃放烟花爆竹的知识，防止小孩玩火的知识等。这些知识浅显易懂、涉及面广，如果能够让绝大多数人掌握这些知识，并在日常生活和工作中正确使用，火灾的发生率会明显下降。

（三）帮助公众掌握逃生处置知识

逃生处置知识包括发生火灾时如何疏散逃生、如何报火警、如何扑救初起火灾等能减少火灾伤亡和火灾损失的知识，以及不要组织未成年人扑救火灾的道理等。

（四）增强公众在防火安全方面的社会责任

防火安全方面的教育包括不占用消防通道，在社区里发现小孩玩火等违反防火安全的行为及时劝阻，发现火灾时及时报警等责任，以及在疏散时要及时通知邻居，疏散逃生时不要争先恐后等。

二、消防安全宣传与教育培训的原则

按照"政府统一领导、部门依法监管、单位全面负责、公民积极参与"的原则，实行消防安全宣传与教育培训责任制。

消防安全宣传与教育培训是推行消防工作社会化的一项重要措施。单位的消防工作做得好与差，一定程度上取决于领导对这项工作的重视程度和群众的素质。通过宣传教育，使社会各级领导和各类人员形成正确的消防安全意识与观念。消防安全教育是普及消防知识的重要途径。

火灾统计分析结果表明，绝大多数的火灾是人为因素引起的，是由于人们思想麻痹、用火不慎、违反消防安全规章制度和安全操作规程及缺乏消防安全知识造成的。所以，要做好消防安全工作，必须通过宣传与教育培训的形式，向各类人员普及消防知识，增强人们的责任感和法治观念，使人们自觉地遵守消防安全规章制度和安全操作规程，形成大家关心和重视防火的消防安全局面。

人们在生活和劳动过程中，不断接受外界条件和情报信息的刺激而学得知识，消防安全知识也是这样得来的。通过反复地教和学的过程，才能逐步形成个人的安全意识。

大部分消防安全知识来自间接经验。在生活、生产作业环境中，常把经验变成知识积累起来。但仅就火灾爆炸事故来说，若仅凭经验变成知识进行积累，则人就将常置身于危险环境之中。为了使没有经历过事故的人们明白生产、生活中的消防安全措施，必须使他们从间接经验中获悉在什么场所、在什么时间、做什么作业或处于什么状态是危险的，知道如何处理才能保证安全。

三、消防安全宣传与教育培训的地位

在消防安全工作中，要预防人为事故，往往要采取安全管理、防火技术和消防安全宣传 3 种手段，而且在实际工作中必须保持三者均衡。

安全管理是使各级领导和各类人员遵守国家或地方行政机关、工厂、仓库、企业等单位制定的安全方针政策、规章制度、安全生产经营责任制度等。为此，要求单位的消防安全责任人自觉地成为推动消防工作的领导者和责任者，建立与单位消防安全工作相适应的消防安全管理组织并采取相适应的管理办法和手段。

防火技术是针对生产、经营及生活中的不安全因素，采取控制措施。在事故发生之前，充分研究潜在的危险点和危险程度，预测可能发生事故的危险性，从技术上解决这些危险性应采取的预防措施。

消防安全宣传是把上述两个方面的内容，详尽地告知各类人员，使他们关心消防安全、养成遵守消防安全规章制度的良好习惯，掌握预防火灾的措施和灭火手段。消防安全宣传是事故预防中的重要环节，任何忽视的态度都有可能造成不良的后果。最简单的、最平常的防火措施和最严密的消防安全规章制度，若不通过消防安全宣传，就不能有效地贯彻和实施。

四、消防安全宣传与教育培训的类型

单位应在一般性消防宣传的基础上，按照宣传对象的实际需要把消防安全宣传与教育培训有层次地分为若干类型，使消防安全宣传教育更深入具体、更有效。

（一）对领导干部的宣传教育培训

单位领导的重视和支持是做好本单位消防安全工作的关键，因此必须对各级领导层进行消防安全宣传教育。对领导干部的消防安全宣传教育，应着重于安全生产方针、政策、法规和规章制度，消防基础知识、消防安全管理知识等。对单位领导干部或厂级领导的宣传教育可由其主管部门组织，或由消防救援机构、劳动部门组织；对单位中层干部的宣传教育，由单位负责人或委派职能部门进行，如举办学习班、讲座等。

（二）对工程技术人员的宣传教育培训

工程技术人员的工作往往直接影响消防安全。因此，应组织他们学习和掌握消防技术知识，并能在实际工作中熟练应用这些知识。对工程技术人员的消防安全宣传教育包括：安全生产方针政策、消防法规和规章制度，消防安全责任制度，火灾爆炸事故的原因剖析，消防安全基础知识和消防安全管理知识等。

通过宣传教育，使工程技术人员能够在产品或工程设计、研制阶段，新材料、新技术、新工艺的研究实验和开发阶段，在组织生产、制定操作规程中，自觉应用系统分析的方法去评价安全性，找出一切可能存在的火险因素，预先采取措施加以预防和控制，以提高产品、工程、工艺等在投产后的安全可靠性，为消防安全创造有利条件。

（三）对专、兼职消防管理人员的宣传教育培训

单位的专、兼职消防安全管理人员的工作具有较强的全面性、系统性和专业性。消防安全管理人员是单位消防安全责任人的参谋，要对消防安全工作具体进行筹划，为单位消防安全责任人履行自己的职责提出建议。因此，消防安全管理人员应具备系统、全面的消防专业知识和消防安全管理知识，应到消防培训中心接受专门的消防安全教育。

（四）对特种作业人员的宣传教育培训

单位对特种作业人员的消防安全培训尤为重要，如对电工、锅炉工、焊接工、木工、油漆工，以及处理易燃易爆物品的操作工和搬运工，仓库保管人员，消防控制室的值班操作人员等，进行专门的消防安全培训。这些作业人员须经严格考试和考核，取得上岗作业证后，方准操作。这类人员的培训视具体情况，以培训班等形式开展，或由本部门、当地消防培训中心、其他部门定期组织培训。

（五）对员工的宣传教育培训

1. 对新员工的宣传教育培训

新员工及由外单位调入的员工，均应接受单位三级消防安全宣传教育。

（1）单位级（工厂、仓库、公司等）的消防安全宣传教育。由单位消防安全责任人指定的消防安全管理人员或消防工作归口管理部门（保卫、保安、安技等）负责组织。宣传教育内容包括消防工

作方针、法规、消防安全规章制度和劳动纪律，以及生产、使用、储存物品的性质和其燃烧的常识。经过考试合格后，才能派到岗位工作。

（2）中级（车间、分厂、工段、科室等）的消防安全宣传教育。由中层机构防火负责人或指定专人负责组织。宣传教育内容包括分厂（或车间、工段、科室）的概况，生产、使用、储存物资的火险特点，危险场所部位，消防安全制度，以及消防安全注意事项等。经考试考核合格后，才能分配到班组。

（3）班组岗位的消防安全宣传教育。由班组防火负责人或班组安全员负责组织。宣传教育内容包括本岗位生产、经营过程及工作任务，岗位的安全操作规程，岗位的消防安全制度，岗位的消防措施，紧急情况下的应急措施和报告方法等。宣传教育可采取讲解与实际示范相结合的方式进行。经考核合格后，方可独立操作。

2. 对临时员工的宣传教育培训

临时员工（合同工）是指因临时工作需要而招用的各种员工。用工部门事先将招工人数、担负的工作通知消防工作归口管理部门，以便有针对性地进行宣传教育。宣传教育内容包括本单位的生产、经营特点，本单位的防火须知，所担负工作的性质和消防应知应会，消防安全制度等。用工部门应指定专人，负责对临时员工的宣传教育和安全管理。

3. 对外包工的宣传教育培训

外包工是指外单位在本单位承包某项工程或工作的员工。外包工进入单位前，应由发包单位和承包单位商定好，将进入单位的人数、承担的工作施工地点，事先通知消防工作归口管理部门，约好时间进行消防安全宣传教育。其宣传教育内容与对临时工的宣传教育大致相同。进入单位后的外包工的消防安全工作应以该单位为主，严格执行其消防安全规章制度。

（六）对复工和调岗员工的宣传教育培训

复工是指由于某种原因而离开操作岗位较久后又重新上岗操作，调岗即调换岗位。作业岗位的消防安全状况，随时间的推移和工种的变化而有所变化，所以应对复工和调岗的员工进行宣传教育。宣传教育的内容或参照三级宣传教育和重点工种的宣传教育进行安排。此类员工考试合格后，方可上岗。

案例：2013年6月3日6时10分许，位于吉林省德惠市的某禽业有限公司主厂房发生特别重大火灾爆炸事故，共造成121人死亡、76人受伤，17 234平方米主厂房及主厂房内生产设备被损毁，直接经济损失1.82亿元。

该起事故调查报告指出，该公司从未组织开展过安全宣传教育，从未对员工进行安全知识培训，企业管理人员、从业人员缺乏消防安全常识和扑救初期火灾的能力。虽然曾经制定过事故应急预案，但该公司从未组织开展过应急演练。该公司违规将南部主通道西侧的安全出口和二车间西侧外墙设置的直通室外的安全出口锁闭，致使火灾发生后大量人员无法逃生。

五、消防安全宣传与教育培训的方法

宣传教育的方法是指宣传教育指导者在宣传教育过程中为了完成宣传教育任务所采取的工作方法，以及受宣传教育者在指导者指导下的学习方法。宣传教育者应采用何种方式方法，取决于宣传教育的目的、内容和对象。

（一）集体安全宣传教育方式

集体安全宣传教育方式包括：①利用消防报刊；②利用电影、电视、视频；③利用有线广播、闭路电视；④利用板报、标语、横幅和 LED 电子屏等；⑤举办培训班，组织消防演习；⑥参观火灾现场；⑦开展消防知识竞赛；⑧其他宣传形式，如消防展览会、文艺宣传等。

（二）个人安全宣传教育方式

作业人员学习消防知识与将知识应用于实际工作中，往往存在一定的差距。一般来说，学习知识，是将知识输入记忆系统里，以备调用；而调用知识、灵活运用于实际则不像获取知识那样简单，必须反复运用方能熟练自如。由于每个岗位固有的特点和每个人固有的特性，完全采用集体安全宣传教育方式是不可能达到目的的，必须分别进行个别指导，纠正不当之处，使之逐渐达到熟练的程度。

个人消防安全宣传教育的方式主要有以下几种。

1. 岗位实际工作的消防安全宣传教育

为了正确掌握岗位消防安全的应知应会，指导者必须按规定的内容、要领、方法和程序进行辅导方式的宣传教育。

2. 消防安全技能的督促检查宣传教育

消防安全管理人为查验员工的消防技能的实际掌握程度，可通过考试的方式或具体操作进行检查，并按其答题和执行情况，进行点评和宣传教育。

3. 个别劝告的消防安全宣传教育

在实际中，个别人员对待消防安全工作的态度不端正，如马虎大意，不按规定的程序操作，不遵守劳动纪律，不执行有关消防规章制度等。这些人的认识、情况有所不同，必须在弄清原因的基础上，采取恰当的方式方法进行单独的安全宣传教育。

（三）启蒙安全宣传教育方式

在开展经常性的消防安全宣传教育的基础上，可通过启蒙安全宣传方式促使员工提高警惕，克服麻痹思想，以遵守和执行消防安全规定。这种方式包括安全上岗喊话、防火宣传画、各种安全警告牌、信号和色标、广播、电视、黑板报和壁报、消防书籍和刊物等。

六、消防安全宣传与教育培训的内容

单位应当根据本单位的特点，建立健全消防安全教育培训制度，明确机构和人员，保障教育培训工作经费，按照下列规定对职工进行消防安全教育培训：①定期开展形式多样的消防安全宣传教育；

②对新上岗和进入新岗位的职工进行上岗前的消防安全培训；③对在岗的职工每年至少进行1次消防安全培训；④消防安全重点单位每半年至少组织1次、其他单位每年至少组织1次灭火和应急疏散演练。单位对职工的消防安全教育培训应当将本单位的火灾危险性、防火灭火措施、消防设施及灭火器材的操作使用方法、人员疏散逃生知识等作为培训的重点。

针对各级各类学校应当开展下列消防安全教育工作：①将消防安全知识纳入教学内容；②在开学初、放寒（暑）假前、学生军训期间，对学生普遍开展专题消防安全教育；③结合不同课程实验课的特点和要求，对学生进行有针对性的消防安全教育；④组织学生到当地消防站参观体验；⑤每学年至少组织学生开展1次应急疏散演练；⑥对寄宿学生开展经常性的安全用火用电教育和应急疏散演练。各级各类学校应当至少确定1名熟悉消防安全知识的教师担任消防安全课教员，并选聘消防专业人员担任学校的兼职消防辅导员。

歌舞厅、影剧院、宾馆、饭店、商场、集贸市场、体育场馆、会堂、医院、客运车站、客运码头、民用机场、公共图书馆和公共展览馆等公共场所应当按照下列要求对公众开展消防安全宣传教育：①在安全出口、疏散通道和消防设施等处的醒目位置设置消防安全标志、标识等；②根据需要编印场所消防安全宣传资料供公众取阅；③利用单位广播、视频设备播放消防安全知识。养老院、福利院、救助站等单位，应当对服务对象开展经常性的用火用电和火场自救逃生安全教育。

在建工程的施工单位应当开展下列消防安全教育工作：①建设工程施工前应当对施工人员进行消防安全教育；②在建设工地醒目位置、施工人员集中住宿场所设置消防安全宣传栏，悬挂消防安全挂图和消防安全警示标识；③对明火作业人员进行经常性的消防安全教育；④组织灭火和应急疏散演练。

消防安全宣传与教育培训既是消防安全管理的基本内容，又是消防安全管理的重要措施。其在一定意义上提高了公众的消防安全意识，提升了公众在减少火灾危害方面的知识，帮助公众掌握逃生知识，增强公众在防火安全方面的社会责任。

七、消防安全宣传与教育培训的形式

（一）消防法治宣传

各级消防组织要结合消防工作的法律、法规的公布实施，采取各种方法，宣传讲解有关消防法律、法规及消防安全制度的内容，使广大职工群众知法、守法，养成遵守消防法律、法规及消防安全制度的意识。

（二）消防技术培训

消防监督部门要经常组织机关、团体、企业、事业单位的广大职工群众进行消防技术培训，使之能够正确掌握扑灭各种火灾的基本技能，在实践中能够充分发挥每个人员的作用，最大限度地减少灾害造成的损失。

（三）火灾现场会

召开火灾现场会，向基层单位、广大职工群众进行消防安全教育，使大家认清火灾的严重危害。若发生特大火灾，各级政府还要根据具体情况召开大规模的现场会或者召开新闻发布会，向社会发布火灾消息。电台、电视台及报纸等新闻媒体要密切配合宣传报道，以引起广大职工群众对火灾的高度警惕性，增强其消防法治观念，提高做好消防工作的自觉性。

（四）公开处理火灾责任者

为了严明法纪，教育广大职工群众，在查明火灾原因、分清事故责任、履行法律手续的同时，召开不同规模的火灾责任者处理大会。通过公开处理、惩办事故责任者，提高广大职工群众遵纪守法的自觉性，以促使各方面做好消防工作。

（五）各种新闻媒体和宣传手段

各级消防组织要充分发挥各种新闻媒体深入、及时、可视性强的特点，通过各种新闻媒体，特别是电视、广播、报刊、网络等进行消防安全宣传教育，也可以充分利用印制宣传品、召开各种会议、举办展览等宣传手段进行消防安全宣传教育。

各级消防安全管理部门和内部单位都要设立专门的宣传机构，采取丰富多样的宣传教育形式，并围绕每一时期的消防安全工作的重点与要求，做好消防安全宣传教育工作。

第二节　社会消防安全宣传教育的要求

一、社会消防安全教育培训的一般规定

机关、团体、企业、事业等单位，以及社区居民委员会、村民委员会依照《社会消防安全教育培训规定》开展消防安全教育培训工作。公安、教育、民政、人力资源和社会保障、住房和城乡建设、文化、广电、安全监管、旅游、文物等部门应当按照各自职能，依法组织和监督管理消防安全教育培训工作，并纳入相关工作检查、考评。各部门应当建立协作机制，定期研究、共同做好消防安全教育培训工作。

消防安全教育培训的内容应当符合全国统一的消防安全教育培训大纲的要求，主要包括：①国家消防工作方针、政策；②消防法律法规；③火灾预防知识；④火灾扑救、人员疏散逃生和自救互救知识；⑤其他应当教育培训的内容。

二、消防安全培训相关法律法规的要求

（一）《中华人民共和国消防法》中的相关要求

机关、团体、企业、事业等单位，应当加强对本单位人员的消防宣传教育；履行法律规定的消

防安全职责。消防安全重点单位还应当对职工进行岗前消防安全培训，定期组织消防安全培训和消防演练。

（二）《消防安全责任制实施办法》中的相关要求

机关、团体、企业、事业等单位，应当落实消防安全主体责任，履行消防法律、法规、规章以及政策文件规定的职责。消防安全重点单位还应当组织员工进行岗前消防安全培训，定期组织消防安全培训和疏散演练。

对容易造成群死群伤火灾的人员密集场所、易燃易爆单位和高层、地下公共建筑等火灾高危单位，还应当鼓励消防安全管理人取得注册消防工程师执业资格，消防安全责任人和特有工种人员须经消防安全培训；自动消防设施操作人员应取得建（构）筑物消防员资格证书。

（三）《机关、团体、企业、事业单位消防安全管理规定》中的相关要求

单位可以根据需要确定本单位的消防安全管理人。消防安全管理人对单位的消防安全责任人负责，在员工中组织开展消防知识、技能的宣传教育和培训，组织灭火和应急疏散预案的实施和演练。

单位应当通过各种形式开展经常性的消防安全宣传教育。宣传教育和培训内容应当包括：①有关消防法规、消防安全制度和保障消防安全的操作规程；②本单位、本岗位的火灾危险性和防火措施；③有关消防设施的性能、灭火器材的使用方法；④报火警、扑救初起火灾以及自救逃生的知识和技能。

公众聚集场所对员工的消防安全培训应当包括组织、引导在场群众疏散的知识和技能。

消防安全管理人应当定期向消防安全责任人报告消防安全情况，及时报告涉及消防安全的重大问题。未确定消防安全管理人的单位，由单位消防安全责任人负责实施消防安全管理工作。

（四）《社会消防安全教育培训规定》中的相关要求

单位应当根据本单位的特点，建立健全消防安全教育培训制度，明确机构和人员，保障教育培训工作经费，按照规定对职工进行消防安全教育培训。

消防安全教育培训的内容应当符合全国统一的消防安全教育培训大纲的要求，主要包括：①国家消防工作方针、政策；②消防法律法规；③火灾预防知识；④火灾扑救、人员疏散逃生和自救互救知识；⑤其他应当教育培训的内容。

由2个以上单位管理或者使用的同一建筑物，负责公共消防安全管理的单位应当对建筑物内的单位和职工进行消防安全宣传教育，每年至少组织1次灭火和应急疏散演练。

三、政府行政部门的消防教育培训职责

公安机关应当履行的消防教育培训职责包括：①掌握本地区消防安全教育培训工作情况，向本级人民政府及相关部门提出工作建议；②协调有关部门指导和监督社会消防安全教育培训工作；③会同教育行政部门、人力资源和社会保障部门对消防安全专业培训机构实施监督管理；④定期对社区居民委员会、村民委员会的负责人和专（兼）职消防队、志愿消防队的负责人开展消防安全培训。

教育行政部门应当履行的消防教育培训职责包括：①将学校消防安全教育培训工作纳入教育培

训规划，并进行教育督导和工作考核；②指导和监督学校将消防安全知识纳入教学内容；③将消防安全知识纳入学校管理人员和教师在职培训内容；④依法在职责范围内对消防安全专业培训机构进行审批和监督管理。

民政部门应当履行的消防教育培训职责包括：①将消防安全教育培训工作纳入减灾规划并组织实施，结合救灾、扶贫济困和社会优抚安置、慈善等工作开展消防安全教育；②指导社区居民委员会、村民委员会和各类福利机构开展消防安全教育培训工作；③负责消防安全专业培训机构的登记，并实施监督管理。

人力资源和社会保障部门应当履行的消防教育培训职责包括：①指导和监督机关、企业和事业单位将消防安全知识纳入干部、职工教育、培训内容；②依法在职责范围内对消防安全专业培训机构进行审批和监督管理。

住房和城乡建设行政部门应当指导和监督勘察设计单位、施工单位、工程监理单位、施工图审查机构、城市燃气企业、物业服务企业、风景名胜区经营管理单位和城市公园绿地管理单位等开展消防安全教育培训工作，将消防法律法规和工程建设消防技术标准纳入建设行业相关执业人员的继续教育和从业人员的岗位培训及考核内容。

文化、文物行政部门应当积极引导创作优秀消防安全文化产品，指导和监督文物保护单位、公共娱乐场所和公共图书馆、博物馆、文化馆、文化站等文化单位开展消防安全教育培训工作。

广播影视行政部门应当指导和协调广播影视制作机构和广播电视播出机构，制作、播出相关消防安全节目，开展公益性消防安全宣传教育，指导和监督电影院开展消防安全教育培训工作。

安全生产监督管理部门应当履行的消防教育培训职责包括：①指导、监督矿山、危险化学品、烟花爆竹等生产经营单位开展消防安全教育培训工作；②将消防安全知识纳入安全生产监管监察人员和矿山、危险化学品、烟花爆竹等生产经营单位主要负责人、安全生产管理人员以及特种作业人员培训考核内容；③将消防法律法规和有关消防技术标准纳入注册安全工程师培训及执业资格考试内容。

旅游行政部门应当指导和监督相关旅游企业开展消防安全教育培训工作，督促旅行社加强对游客的消防安全教育，并将消防安全条件纳入旅游饭店、旅游景区等相关行业标准，将消防安全知识纳入旅游从业人员的岗位培训及考核内容。

四、建立消防安全宣传教育阵地

提高员工的安全素质是保证单位消防安全的大计。火灾危险性高的企业、经营单位或规模大的企事业单位应建立安全宣传教育活动中心（或活动室），用来进行消防安全宣传教育，储存有关消防安全的资料，展览陈列事故图片、照片、宣传画等。要注意逐步添置和积累安全资料、图书和设备，配备电化宣传教育手段。

微课：建立消防安全宣传教育阵地

（一）消防安全宣传教育要经常化和制度化

消防安全宣传教育要坚持经常化，重视经常性的宣传教育，做到警钟长鸣，防患于未然。要有计

划地把集中宣传教育和经常宣传教育有机结合起来。要为消防安全宣传教育建立制度，用制度保证消防安全宣传教育的经常化、普遍化和规范化。

（二）消防安全宣传教育要讲究效果

1. 时效性

火灾总是在某种条件下发生的，这种条件往往反映某个时期消防工作应该针对的重点。因此，消防宣传教育应注意利用一切机会，抓住时机进行。另外，在宣传教育的内容上应抓住季节的特点，不失时机地进行宣传教育。

微课：消防安全教育的效果

2. 知识性

为了使人们知道防火和灭火的方法，在进行消防安全宣传教育时就必须设法让人们知道火灾的发生、发展原因和规律。在宣传中，既讲火灾现象又讲火灾本质；既要使人知其然，也要知其所以然。例如，将日光灯的镇流器装在可燃的构件上，如果只是说这样做不安全，而不说出道理来，则宣传教育效果较差。应讲出这样之所以不安全是因为镇流器长时间通电，其线圈会产生涡流而生热，时间长了就容易将热传给可燃的构件，使物体温度达到自燃点而着火。这样，人们就能更好地掌握相关知识，自觉地注意消防安全。

3. 趣味性

宣传教育在内容、方法上要有趣味性。对所宣传的内容进行加工，用形象、生动、活泼的手法和语言，将不同的听者、看者的注意力都聚集于所讲内容上，使人想听、想看，达到宣传教育的目的。

4. 针对性

反对不分场合、不看对象、不分季节、笼统的宣传教育内容，不搞千篇一律，不走过场。应针对不同季节、不同时期的消防安全工作的重点和特点，不同行业、单位的性质和不同对象的需求，有区别地进行消防安全宣传教育。宣传教育中所使用材料的内容和讲解的问题，必须按照事物的本来面目加以说明，不说空话、过头话，所用的例证要恰当。这样的宣传教育才有较强的说服力，使人们从中获得知识，受到启迪。

（三）消防安全宣传教育要根据人的心理和个性特征

对于不重视防火安全，有侥幸心理、违章蛮干、拒绝整改火灾隐患等表现和行为，分析结果可以发现这些表现和行为都源于某种心理状态和个性特征。因此，在宣传教育中，应分析人的心理状态和个性特征，抓住本质性的认识，有针对性地进行个别宣传教育和引导。例如，对喜欢逞强好胜、冒险蛮干的人，要使他们明白谨慎小心并不是贪生怕死，冒险蛮干也绝非英雄好汉；对粗枝大叶、马虎大意的人，要使他们懂得"一时疏忽，终生痛苦"的道理；对重视经济效益、忽视消防安全的人，要使他们明白讲经济效益和讲安全的一致性，讲安全就是讲经济效益、没有安全就没有经济效益的道理。

案例： 四川省某县青年陈某、张某、李某 3 人在帮人打谷子回家途中，路经一农村生产草纸的小纸厂。由于天气炎热，3 人便到小纸厂晾纸房内乘凉休息。在休息过程中，3 人叫小孩到附近商店买来了几瓶啤酒，边喝酒边抽烟边聊天。在喝完第二瓶啤酒的时候，陈某顺手在晾纸杆上抽出一摞纸用打火机点燃玩耍，并将点燃的草纸任意丢在了厂房附近。在临走的时候，陈某又将点燃的草纸扔在了厂房附近。3 人走后不久，该纸厂便发生火灾，厂房和机器设备及成品草纸全部烧毁，直接经济损失 10 万余元。

火灾发生后，当地消防救援机构对火灾现场进行了勘查，对火灾原因进行了认真的调查。陈某等 3 人对在纸厂内抽烟、玩火供认不讳。经过调查和现场勘查后，排除了电气、自燃、其他人为火灾等因素，确认该起火灾系陈某玩火引起的。当地公安机关依法对陈某等 3 人进行了拘留。陈某的行为是故意行为，主观上有烧毁公私财物的心理，客观上已造成了重大财产损失，危害了公共安全，故应构成放火罪。

思考与练习

1. 消防安全宣传与教育培训的意义有哪些？
2. 针对歌舞厅、影剧院、商场、集贸市场等公共场所进行消防安全宣传教育的内容有哪些？
3. 消防安全宣传教育要讲究哪些效果？

职业技能训练

活动 1：校园消防安全宣传教育活动策划

1. 分组要求：全班分为 5 个小组，每组 8～10 人。
2. 策划要求：选择学校为宣传对象，明确宣传方式和宣传内容。
3. 学习要求：学生通过学习本章的内容，以所在学校为活动场地，在校内开展消防安全宣传教育活动。
4. 活动成果：以小组为单位制订活动策划方案，包括校园消防安全培训的要求和培训内容。

活动 2：消防安全宣传与教育的应用

2024 年 2 月 23 日 4 时 39 分，南京市消防救援支队指挥中心接到报警，南京市某小区 6 栋发生火灾，约 6 时许明火被扑灭。失火楼栋为该小区 6 号楼 2 单元，共有 34 层。单元楼 1 楼架空层、21 层至 34 层均有明显被烧过或烟熏的痕迹。

通过调查，该小区 2019 年曾发生火灾。后来，由于不少居民将电动车停放在架空层，也就是 1 楼单元门旁的廊道中，存在消防隐患，引发投诉和媒体关注。

2022 年 2 月 23 日，在该小区其他楼栋内，地下 1 层为电动车停车区域，停放车辆较少。

1楼架空层停放着大量电动车，有电动车专用充电设备，墙面张贴着"电动车及电池拒绝进楼入户""严防电动自行车火灾隐患""大厅禁止停车"等告示。该小区的巡逻签到表显示，每日巡查人员需在固定时间巡查共9次，巡查时间包括凌晨3时等，巡查内容包括非机动车上楼、电瓶车充电、杂物堆放、灯具照明、消防设施、安全隐患等。时隔2年，这些投诉、关注和隐患还是没有引起大家的警醒，事故还是发生了。

截至2024年2月23日24时，事故共造成15人遇难，44人在院治疗，其中1人危重、1人重症、42人伤情较轻。经初步分析，火灾为6栋建筑地面架空层电动自行车停放处起火引发。

分析：

（1）如何通过消防安全宣传与教育，提升公众的消防安全意识？

（2）对小区物业管理人员应进行哪些方面的宣传教育培训？

（3）对于不重视防火安全，存在侥幸心理、拒绝整改火灾隐患等表现和行为的人，应如何进行消防安全宣传教育？

第四章 消防安全管理与消防系统管理

📎 知识目标

1. 掌握消防安全职责的内容。

2. 掌握火灾隐患的判定。

3. 掌握安全检查的内容。

4. 掌握不同的消防系统及其管理和维护。

📎 能力目标

1. 能够根据消防安全重点单位的界定标准正确判定消防重点单位。

2. 能够根据实际情况对不同的消防系统进行管理和维护。

3. 能够根据不同的场所进行安全检查。

📎 重点与难点

1. 消防安全重点单位的界定标准。

2. 火灾隐患的整改要求。

3. 消防系统的维护管理。

第一节　消防安全重点单位与消防安全组织

一、消防安全重点单位

《中华人民共和国消防法》规定了中华人民共和国境内的机关、团体、企业、事业等单位应当履行的消防安全职责。由于单位的性质和职能职责不同，发生火灾的危险性和危害性有较大的差别，为了有效预防群死群伤等恶性火灾事故的发生，县级以上地方人民政府消防救援机构将发生火灾可能性较大以及发生火灾可能造成重大的人身伤亡或者财产损失的单位，确定为本行政区域内的消防安全重点单位，并由应急管理部门报本级人民政府备案。

（一）消防安全重点单位的界定标准

《机关、团体、企业、事业单位消防安全管理规定》中对消防安全重点单位予以明确规定，《关于实施〈机关、团体、企业、事业单位消防安全管理规定〉有关问题的通知》中进一步提出了消防安全重点单位的界定标准。

（1）商场（市场）、宾馆（饭店）、体育场（馆）、会堂、公共娱乐场所等公众聚集场所。①建筑面积在1 000平方米（含本数，下同）以上且经营可燃商品的商场（商店、市场）；②客房数在50间以上的宾馆（旅馆、饭店）；③公共的体育场（馆）、会堂；④建筑面积在200平方米以上的公共娱乐场所（公安部《公共娱乐场所消防安全管理规定》第二条所列场所）。

（2）医院、养老院和寄宿制的学校、托儿所、幼儿园。①住院床位在50张以上的医院；②老人住宿床位在50张以上的养老院；③学生住宿床位在100张以上的学校；④幼儿住宿床位在50张以上的托儿所、幼儿园。

（3）国家机关。①县级以上的党委、人大、政府、政协；②县级以上的人民检察院、人民法院；③中央和国务院各部委；④共青团中央、全国总工会、全国妇联的办事机关。

（4）广播、电视和邮政、通信枢纽。①广播电台、电视台；②城镇的邮政和通信枢纽单位。

（5）客运车站、码头、民用机场。①候车厅、候船厅的建筑面积在500平方米以上的客运车站和客运码头；②民用机场。

（6）公共图书馆、展览馆、博物馆、档案馆以及具有火灾危险性的文物保护单位。①建筑面积在2 000平方米以上的公共图书馆、展览馆；②公共博物馆、档案馆；③具有火灾危险性的县级以上文物保护单位。

（7）发电厂（站）和电网经营企业。

（8）易燃易爆化学物品的生产、充装、储存、供应、销售单位。①生产易燃易爆化学物品的工厂；②易燃易爆气体和液体的灌装站、调压站；③储存易燃易爆化学物品的专用仓库（堆场、储罐场所）；④营业性汽车加油站、加气站，液化石油气供应站（换瓶站）；⑤经营易燃易爆化学物品的化工商店。

（9）劳动密集型生产、加工企业。生产车间员工在100人以上的服装、鞋帽、玩具等劳动密集型企业。

（10）重要的科研单位。界定标准由省级消防救援机构根据实际情况确定。

（11）高层建筑、地下铁道、地下观光隧道，粮、棉、木材、百货等物资仓库和堆场，重点工程的施工现场。①高层公共建筑的办公楼（写字楼）、公寓楼等；②城市地下铁道、地下观光隧道等地下公共建筑和城市重要的交通隧道；③国家储备粮库、总储量在10 000吨以上的其他粮库；④总储量在500吨以上的棉库；⑤总储量在10 000立方米以上的木材堆场；⑥总储存价值在1 000万元以上的可燃物品仓库、堆场；⑦国家和省级等重点工程的施工现场。

（12）其他发生火灾可能性较大以及一旦发生火灾可能造成人身重大伤亡或者财产重大损失的单位。界定标准由省级消防救援机构根据实际情况确定。

（二）消防安全重点单位的界定程序

确定消防安全重点单位，是加强对消防安全重点单位管理的前提。消防安全重点单位的界定程序包括申报、核定、告知、公告等。

（1）申报。符合消防安全重点单位界定标准的单位，向所在地消防救援机构申报备案。申报时，填写《消防安全重点单位申报登记表》，连同所确定的本单位消防安全责任人、消防安全管理人名单资料一并报所在地消防救援机构。如遇单位规模变化或者人员发生变动，及时向消防救援机构报告。对符合消防安全重点单位界定标准但未申报备案的单位，消防救援机构可依法将其确定为消防安全重点单位。

（2）核定。消防救援机构接到申报后，对申报备案单位的情况进行核实确定，按照分级管理的原则，对确定的消防安全重点单位进行登记造册。

（3）告知。对已确定的消防安全重点单位，消防救援机构将采用《消防安全重点单位告知书》的形式，告知消防安全重点单位要落实本单位消防安全主体责任，相关人员和部门（消防安全责任人、管理人及消防安全管理归口部门）要切实履行消防安全工作职责，做好本单位的消防安全管理工作。

（4）公告。消防救援机构于每年的第一季度对本辖区的消防安全重点单位进行核查调整，以文件形式上报本级人民政府，并通过报刊、电视、互联网网站等媒体平台将本地区的消防安全重点单位向全社会公告。

二、消防安全组织

习近平总书记在中国共产党第十九次全国代表大会上指出："树立安全发展理念，弘扬生命至上、安全第一的思想，健全公共安全体系，完善安全生产责任制，坚决遏制重特大安全事故，提升防灾减灾救灾能力。"组建严密的消防安全组织，落实各级的消防安全职责，为保护人民群众生命财产安全和国家安全提供有力保障。

（一）消防安全组织的概念

消防安全组织是指为了实现单位消防安全环境而设立的机构或部门，是单位内部消防管理的组织形式，是负责本单位防火灭火的工作网络。建立消防安全组织对牢固树立单位消防工作的主体意识和责任意识，以及对单位消防安全管理具有十分重要的意义。

（二）消防安全组织的组成

消防安全组织由消防安全委员会或消防工作领导小组、消防安全归口管理部门和其他部门组成。多产权单位或大型的企业应成立消防安全委员会。成立消防安全组织的目的是贯彻"预防为主、防消结合"的消防工作方针，制订科学合理、行之有效的各种消防安全管理制度和措施，落实消防安全自我管理、自我检查、自我整改、自我负责的机制，做好火灾事故和风险的防范，确保本单位的消防安全。

三、消防安全职责

（一）单位的消防安全职责

1. 管理职责

（1）落实消防安全责任制，制订本单位的消防安全制度、消防安全操作规程，制订灭火和应急疏散预案。对单位来讲，只有建立单位内部自上而下的消防安全工作责任"链条"，才能确保单位消防安全责任环环相扣、层层落实。

（2）按照国家标准、行业标准配置消防设施、器材，设置消防安全标志，并定期组织检验、维修，确保消防设施与器材的完好、有效。

（3）对建筑消防设施每年至少进行1次全面检测，确保完好、有效，检测记录应当完整、准确，存档备查。

（4）保障疏散通道、安全出口、消防车通道畅通，保证防火防烟分区、防火间距符合消防技术标准。

（5）组织防火检查，及时消除火灾隐患。责任单位对检查中发现的火灾隐患要及时消除；在火灾隐患未消除之前，责任单位应当落实防范措施，确保消防安全。

（6）组织进行有针对性的消防演练。单位应当按照预案进行实际的操作演练，增强单位有关人员的消防安全意识，熟悉消防设施、器材的位置和使用方法。这有利于及时发现问题，完善预案。

（7）法律、法规规定的其他消防安全职责。

2. 组织火灾扑救和配合火灾调查的职责

（1）发生火灾时，单位应当立即实施灭火和应急疏散预案，务必做到及时报警，及时疏散人员。

（2）任何单位都应当无条件地为报火警提供便利，不得阻拦报火警。单位应当为消防救援机构抢救人员、扑救火灾提供便利条件。

（3）火灾扑灭后，发生火灾的单位和相关人员应当按照消防救援机构的要求保护现场，接受事故调查，如实提供火灾有关的情况，协助消防救援机构调查火灾原因，核定火灾损失，查明火灾责任。

（4）未经消防救援机构同意，不得擅自清理火灾现场。

微课：消防
安全职责

3. 按照国家法律法规，完善消防行政许可或者备案的职责

作为工程项目建设的总负责方，单位应当承担依法向消防救援机构申请建设工程消防设计审核、消防验收或者备案，并接受监督检查，以合同约定设计、施工、工程监理单位执行消防法律法规和国家工程消防技术标准的责任。公众聚集场所在投入使用、营业前，建设单位或者使用单位应当向场所所在地的县级以上地方人民政府消防救援机构申请消防安全检查。经消防安全检查合格后，方可使用或者开业。

（二）消防安全组织的职责

1. 消防安全委员会或消防工作领导小组的职责

消防安全委员会或消防工作领导小组由主要领导（一般为单位的消防安全责任人）牵头负责，由消防归口管理部门和其他部门的主要负责人组成，并履行下列职责：①认真贯彻执行《中华人民共和国消防法》和国家、行业、地方政府等有关消防管理行政法规、技术规范；②起草下发本单位有关消防文件，制定有关消防规定、制度，组织、策划重大消防活动；③督促、指导消防归口管理部门和其他部门加强消防基础档案材料和消防设施建设，落实逐级防火责任制，推动消防管理科学化、技术化、法治化、规范化；④组织对本单位专（兼）职消防管理人员的业务培训，指导、鼓励本单位职工积极参加消防活动，推动开展消防知识、技能培训；⑤组织防火检查和重点时期的抽查工作；⑥组织对重大火灾隐患的认定和整改工作；⑦负责组织对重点部位消防应急预案的制订、演练、完善工作，依工作实际，统一有关消防工作标准；⑧支持、配合消防救援机构的日常消防管理监督工作，协助火灾事故的调查、处理以及消防救援机构交办的其他工作。

2. 消防安全归口管理部门的职责

单位应结合自身特点和工作实际需要，设置或者确定消防工作的归口管理职能部门。消防安全归口管理部门具有下列职责：①依照消防救援机构布置的工作，结合单位实际情况，研究和制订计划并贯彻实施，定期或不定期向单位主管领导和领导小组及消防救援机构汇报工作情况；②负责处理单位消防安全委员会或消防工作领导小组和主管领导交办的日常工作，发现违反消防规定的行为，及时提出纠正意见，如未采纳，可向单位消防安全委员会、消防工作领导小组或当地消防救援机构报告；③推行逐级防火责任制和岗位防火责任制，贯彻执行国家消防法规和单位的各项规章制度；④进行经常性的消防教育，普及消防常识，组织和训练专职（志愿）消防队；⑤经常深入单位内部进行防火检查，协助各部门做好火灾隐患整改工作；⑥负责消防器材的分布管理、检查、保管、维修及使用；⑦协助领导和有关部门处理单位系统发生的火灾事故，详细登记每起火灾事故，定期分析单位消防工作形势；⑧严格用火、用电管理，执行审批动火申请制度，安排专人现场进行监督和指导，跟班作业；⑨建立健全消防档案；⑩积极参加消防救援机构组织的各项安全工作会议，并做好记录，会后向单位消防安全责任人、管理人汇报有关情况。

3. 其他部门的职责

其他部门应按照分工，建立和完善本部门的消防管理规章、程序、方法和措施，负责部门内部日常消防安全管理，形成自上而下的一级抓一级、一级对一级负责的消防管理体系，并履行下列职责：①下级部门对上级部门负责，上级部门要与直属下级部门按照职责签订《消防安全责任书》和《消防安全管理承诺书》；②明确本部门及所有岗位人员的消防工作职责，真正承担起与部门、岗位相适应的消防安全责任，做到分工合理、责任分明，各司其职、各尽其责；③应当配合消防安全管理归口部门、专（兼）职消防人员实施本部门职责范围内的每日防火巡查、每月防火检查等消防安全工作，并在相关的检查记录内签字，及时落实火灾隐患整改措施及防范措施等；④指定责任心强、工作能力强的人员为本部门的消防安全工作人员，负责保管和检查属于本部门管辖范围内的各种消防设施，发生故障后，及时向本部门消防安全责任人和消防安全归口管理部门汇报，协调解决相关事宜；⑤负责监督、检查与本部门工作有关的消防安全制度的执行情况；⑥积极组织本部门职工参加消防知识教育和灭火应急疏散演练，提高消防安全意识；⑦在发生火灾或其他突发情况时，按照灭火应急疏散预案所做的规定和分工，履行职责。

（三）各类人员的消防安全职责

消防安全组织人员分为消防安全责任人、消防安全管理人、专（兼）职消防安全管理人员、自动消防系统操作人员、部门消防安全负责人、志愿消防队员、一般员工等。单位可以根据实际需要，成立由内部人员组成的志愿消防队，定期组织开展使用灭火器材、引导员工疏散演习等方面的训练，发挥其开展防火检查、消防宣传的作用，提高单位的自防自救能力。

1. 消防安全责任人的职责

法人单位的法定代表人或非法人单位的主要负责人是社会单位的第一责任人，主要承担消防安全工作上的第一责任和事故追究顺序上的第一责任。法人单位的法定代表人是依照法律或组织章程，行使职权的负责人，对法人单位的违法行为承担行政或刑事责任。按照"责权统一"的原则，独立行使职权的单位同时具有必须独立承担责任的义务，单位的主要负责人要义无反顾地承担起消防安全第一责任。从现实角度，虽然各单位都有分管领导和责任职能部门，但他们是在主要负责人的委托授权下开展工作的，直接对主要负责人负责，且在消防管理工作中往往涉及大量人、财、物的调配、支出和使用，解决问题最终还是由主要负责人牵头和推动。

由于单位的法定代表人或主要负责人处于决策和指挥的重要地位，为了使消防安全工作真正落到实处，必须明确单位的法定代表人或主要负责人为消防安全责任人，对单位的消防安全工作全面负责。消防安全责任人对消防安全的重视，对本单位的消防安全具有至关重要的意义。消防安全责任人必须认真贯彻执行消防法规，保障消防安全符合规定，掌握本单位的消防安全情况，将消防安全工作纳入本单位的整体决策和统筹安排，并与生产、经营、管理、科研等工作同步进行、同步发展。

2. 消防安全管理人的职责

消防安全管理人是指单位中负有一定领导职务和权限的人员，受消防安全责任人委托，具体负责管理单位的消防安全工作，对消防安全责任人负责。消防安全重点单位一般规模较大，管理层级较多，为了确保消防安全工作切实有人领导、督促、落实，单位应当成立消防安全领导小组，明确消防安全管理人员具体实施和组织落实本单位的消防安全工作，并作为对消防安全责任人制度的必要补充。

3. 专（兼）职消防安全管理人员的职责

专（兼）职消防安全管理人员是做好消防安全工作的重要力量，在消防安全责任人和消防安全管理人的领导下开展消防安全管理工作。

专（兼）职消防安全管理人员应当履行下列消防安全责任：①掌握消防法律法规，了解本单位消防安全状况，及时向上级报告；②提请确定消防安全重点单位，提出落实消防安全管理措施的建议；③实施日常防火检查、巡查，及时发现火灾隐患，落实火灾隐患整改措施；④管理、维护消防设施、灭火器材和消防安全标志；⑤组织开展消防宣传，对全体员工进行教育培训；⑥编制灭火和应急疏散预案，组织演练；⑦记录有关消防工作的开展情况，完善消防档案；⑧完成其他消防安全管理工作。

4. 自动消防系统操作人员的职责

自动消防系统的操作人员包括单位消防控制室的值班、操作人员，以及从事气体灭火系统等自动消防设施管理、维护的人员等。

自动消防系统的操作人员应当履行下列消防安全责任：①持证上岗，掌握自动消防系统的功能及操作规程；②每日测试主要消防设施功能，发现故障应在24小时内排除，不能排除的应逐级上报；③核实、确认报警信息，及时排除误报和一般故障；④发生火灾时，按照灭火和应急疏散预案，及时报警和启动相关消防设施。

5. 部门消防安全责任人的职责

部门主要负责人作为本部门消防安全责任人，对本部门的消防安全工作负责，应当带头并督促本部门员工遵守各种消防安全法律法规和各项消防安全管理制度，利用多种手段积极学习消防安全知识。

6. 志愿消防队员的职责

志愿消防队员来自单位员工，是发生火灾时单位的主要灭火力量。应对志愿消防队员定期组织训练、考核和应急疏散演练。

志愿消防队员应当履行下列消防安全责任：①熟悉本单位灭火与应急疏散预案和本人在志愿消防队中的职责分工；②参加消防业务培训及灭火和应急疏散演练，了解消防知识，掌握灭火与疏散技能，会使用灭火器材及消防设施；③做好本部门、本岗位日常防火安全工作，宣传消防安全常识，督促他人共同遵守，开展群众性自防自救工作；④发生火灾时须立即赶赴现场，服从现场指挥，积极参加扑救火灾、疏散人员、救助伤员、保护现场等工作。

7. 一般员工的职责

一般员工应当履行下列消防安全责任：①明确各自的消防安全责任，认真执行本单位的消防安全制度和消防安全操作规程，维护消防安全，预防火灾；②保护消防设施和器材，保障消防车通道畅通；③发现火灾，及时报警；④参加有组织的灭火工作；⑤发生火灾后，公共场所的现场工作人员应当立即组织、引导在场群众安全疏散；⑥接受本单位组织的消防安全培训，掌握火灾的危险性和预防火灾措施，懂得火灾扑救方法及火灾现场逃生方法；⑦会报火警、使用灭火器材和扑救初期火灾，会逃生自救。

第二节　火灾隐患

微课：火灾
隐患

习近平总书记在中国共产党第二十次全国代表大会上指出："坚持安全第一、预防为主，建立大安全大应急框架，完善公共安全体系，推动公共安全治理模式向事前预防转型。"火灾隐患的整改是消防安全工作的一项基本任务，也是做好消防安全工作的一项重要措施。一个企业、单位的消防安全不在于有还是没有火灾隐患，关键在于能不能及时发现和认真加以整改。及时发现和消除火灾隐患，保障人民生命和社会财产的安全，是单位自身进行防火检查的主要目的之一。实施防火检查时，检查人员应当能够准确认定存在的火灾隐患，从而采取相应的措施，确保火灾隐患得以消除，使违法行为得以纠正。

一、火灾隐患的含义与分级

火灾隐患通常是指单位、场所、设备以及人们的行为违反消防法律、法规，有引起火灾或爆炸事故、危及生命安全、阻碍火灾扑救等潜在的危险因素和条件。

根据不安全因素引发火灾的可能性大小和可能造成的危害程度的不同，火灾隐患可分为一般火灾隐患和重大火灾隐患。

一般火灾隐患是指存在的不安全因素有引发火灾的可能，且发生火灾会造成一定的危害后果，但危害后果不严重。

重大火灾隐患是指违反消防法律法规，可能导致火灾发生或火灾危害增大，并由此可能造成特大火灾事故后果和严重社会影响的各类潜在不安全因素。

及时发现和消除重大火灾隐患，对于预防和减少火灾发生、保障社会经济发展和人民群众生命财产安全、维护社会稳定具有重要意义。

二、火灾隐患的判定

确定一个不安全因素是否是火灾隐患，不仅要在消防行政法律上有依据，而且还应在消防技术上有标准。其专业性、思想性和科学性很强，应当根据实际情况，全面细致地考察和了解，实事求是地分析和判定，并注意区分火灾隐患与消防安全违法行为的界限。

（一）一般火灾隐患的判定

在防火检查时，发现具有下列情形之一的，应当确定为一般火灾隐患：①影响人员安全疏散或者灭火救援行动，不能立即改正的；②消防设施不完全有效，影响防火灭火功能的；③擅自改变防火分区，容易导致火势蔓延、扩大的；④在人员密集场所违反消防安全规定，使用、储存易燃易爆化学物品，不能立即改正的；⑤不符合城市消防安全布局要求，影响公共安全的；⑥其他可能增加火灾实质危险性或者危害性的情形。

文件:《重大火灾隐患判定方法》

（二）重大火灾隐患的判定

重大火灾隐患的判定应按照科学严谨、实事求是、客观公正的原则和《重大火灾隐患判定方法》（GB 35181—2017）规定的程序实施，并根据实际情况选择直接判定方法或综合判定方法。

下列情形不能判定为重大火灾隐患：①依法进行了消防设计专家评审，并已采取相应技术措施的；②单位、场所已停产停业或停止使用的；③不足以导致重大、特别重大火灾事故或严重社会影响的。

1. 重大火灾隐患的直接判定

下列重大火灾隐患可以直接判定：①生产、储存和装卸易燃易爆危险品的工厂、仓库和专用车站、码头、储罐区，未设置在城市的边缘或相对独立的安全地带；②生产、储存、经营易燃易爆危险品的场所与人员密集场所、居住场所设置在同一建筑物内，或与人员密集场所、居住场所的防火间距小于国家工程建设消防技术标准规定值的75%；③城市建成区内的加油站、天然气或液化石油气加气站、加油加气合建站的储量达到或超过《汽车加油加气加氢站技术标准》（GB 50156—2021）中对一级站的规定；④甲、乙类生产场所和仓库设置在建筑的地下室或半地下室；⑤公共娱乐场所、商店、地下人员密集场所的安全出口数量不足或其总净宽度小于国家工程建设消防技术标准规定值的80%；⑥旅馆、公共娱乐场所、商店、地下人员密集场所未按国家工程建设消防技术标准的规定设置自动喷水灭火系统或火灾自动报警系统；⑦易燃可燃液体、可燃气体储罐（区）未按国家工程建设消防技术标准的规定设置固定灭火、冷却、可燃气体浓度报警、火灾报警设施；⑧在人员密集场所违反消防安全规定使用、储存或销售易燃易爆危险品；⑨托儿所、幼儿园的儿童用房以及老年人活动场所，所在楼层位置不符合国家工程建设消防技术标准的规定；⑩人员密集场所的居住场所采用彩钢夹芯板搭建，且彩钢夹芯板芯材的燃烧性能等级低于《建筑材料及制品燃烧性能分级》（GB 8624—2012）中规定的A级。

2. 火灾隐患的综合判定

（1）人员密集场所的综合判定。人员密集场所的综合判定满足下列3条或3条以上：①建筑内的避难走道、避难间、避难层的设置不符合国家工程建设消防技术标准的规定，或避难走道、避难间、避难层被占用；②人员密集场所内疏散楼梯间的设置形式不符合国家工程建设消防技术标准的规定；③除"重大火灾隐患的直接判定"中第五条规定外的其他场所或建筑物的安全出口数量或宽度不符合国家工程建设消防技术标准的规定，或既有安全出口被封堵；④按照国家工程建设消防技术标准的规定，建筑物应设置独立的安全出口或疏散楼梯而未设置；⑤商店营业厅内的疏散距离大于国家工程建设消防技术标准规定值的125%；⑥高层建筑和地下建筑未按国家工程建设消防技术标准的规定设置疏散指示标志、应急照明，或所设置设施的损坏率大于标准规定要求设置数量的30%，其他建筑未按国家工程建设消防技术标准的规定设置疏散指示标志、应急照明，或所设置设施的损坏率大于标准规定要求设置数量的50%；⑦设有人员密集场所的高层建筑的封闭楼梯间或防烟楼梯间的门的损坏率超过其设置总数的20%，其他建筑的封闭楼梯间或防烟楼梯间的门的损坏率大于其设置总数的50%；⑧人员密集场所内疏散走道、疏散楼梯间、前室的室内装修材料的燃烧性能不符合《建筑内部

装修设计防火规范》（GB 50222—2017）的规定；⑨人员密集场所的疏散走道、楼梯间、疏散门或安全出口设置栅栏、卷帘门；⑩人员密集场所、高层建筑和地下建筑未按国家工程建设消防技术标准的规定设置防烟、排烟设施，或已设置但不能正常使用或运行；⑪违反国家工程建设消防技术标准的规定使用燃油、燃气设备，或燃油、燃气管道敷设和紧急切断装置不符合标准规定。

（2）易燃易爆危险品场所的综合判定。易燃易爆危险品场所的综合判定满足下列 3 条或 3 条以上：①未按国家工程建设消防技术标准的规定或城市消防规划的要求设置消防车道或消防车道被堵塞、占用；②建筑之间的既有防火间距被占用或小于国家工程建设消防技术标准的规定值的 80%，明火和散发火花地点与易燃易爆生产厂房、装置设备之间的防火间距小于国家工程建设消防技术标准的规定值；③在厂房、库房、商场中设置员工宿舍，或是在居住等民用建筑中从事生产、储存、经营等活动，且不符合相关标准的规定；④未按国家工程建设消防技术标准的规定设置除自动喷水灭火系统外的其他固定灭火设施；⑤已设置的自动喷水灭火系统或其他固定灭火设施不能正常使用或运行。

三、火灾隐患的整改

（一）火灾隐患整改的要求

1. 抓住主要矛盾，重大火灾隐患要组织集体讨论和专家论证

隐患就是矛盾，一个隐患可能包含着一对或多对矛盾，整改火灾隐患必须学会抓主要矛盾。抓整改火灾隐患的主要矛盾，要分析影响火灾隐患整改的各种因素和条件，制订几种整改方案，经反复研究论证，选择最经济、最有效、最快捷的方案，避免顾此失彼而造成新的火灾隐患。

确定重大火灾隐患及其整改期限应当组织集体讨论；涉及复杂或者疑难技术问题的，应当在确定前组织专家论证。

2. 树立价值观念，选择最佳方案

整改火灾隐患应当树立价值观念，分析隐患的危险性和危害程度。如果虽有危险性，但危害程度较小，就应提出简便易行的办法，从而得到投资少、消防安全价值大的整改方案。例如，拆除部分建筑，提高建筑物的耐火等级，改变部分建筑的使用性质，堵塞建筑外墙上的门窗孔洞或安装水幕装置，设置室外防火墙等，以解决防火间距不足的问题；安装火灾自动报警、自动灭火设施和防火门、防火卷帘、水幕装置等，以解决防火分区面积过大的问题；增加建筑开口面积，加强室内通风，既可达到防爆泄压的目的，又可防止可燃气体、蒸气、粉尘的聚积；向空气内输送适量水蒸气或经常往地面上洒水，还可以降低可燃气体、蒸气的浓度，防止可燃粉尘飞扬；改变电气线路型号，减少用电设备，采取错峰用电措施，解决电气线路超负荷的问题，延缓电线绝缘的老化过程。

但是，对于关键性的设备和要害部位存在的火灾隐患，要严格整改措施，拟订可行方案，力求彻底解决，不留后患，从根本上确保消防安全。

3. 严格遵守法定整改期限

对于依法投入使用的人员密集场所和生产、储存易燃易爆危险品的场所（建筑物），当发现有关

消防安全条件未达到国家消防技术标准要求的，单位应当按照下列要求限期整改。

（1）安全疏散设施未达到要求，不需要改动建筑结构的，应当在 10 日内整改完毕；需要改动建筑结构的，应当在 1 个月内整改完毕。应当设置自动灭火系统、火灾自动报警系统而未设置的，应当在 1 年内整改完毕。

（2）对于应当限期整改的火灾隐患，消防救援机构应当制作《责令限期改正通知书》；构成重大火灾隐患的，应当制作《重大火灾隐患限期整改通知书》，并在自检之日起 3 个工作日内送达。限期整改，应当考虑隐患单位的实际情况，合理确定整改期限和整改方式。组织专家论证的，可以延长 10 个工作日送达相应的通知书。

单位在整改火灾隐患过程中，应当采取确保消防安全、防止火灾发生的措施。

（3）对于确有正当理由不能在限期内整改完毕的，隐患单位在整改期限届满前应当向消防救援机构提出书面延期申请。消防救援机构对申请应当进行审查并作出是否同意延期的决定，同意或不同意的《延期整改通知书》应当自受理申请之日起 3 个工作日内制作、送达。

（4）消防救援机构应当自整改期限届满次日起 3 个工作日内对整改情况进行复查，自复查之日起 3 个工作日内制作并送达《复查意见书》。对逾期不改正的，应当依法予以处罚；对无正当理由逾期不改正的，应当依法从重处罚。

4. 从长计议，纳入企业改造和建设规划

对于建筑布局、消防通道、水源等方面的火灾隐患，应从长计议，纳入建设规划。例如，生产车间、库区布局或功能分区不合理，主要建筑物之间的防火间距不足等隐患，可结合生产车间、库区改造、建设，纳入企业改造和建设规划中；对于生产车间、仓库位置不当等，可结合城镇改造、建设，将危险建筑迁至安全地点。

5. 报请当地人民政府整改

在消防安全检查中发现城市消防安全布局或者公共消防设施不符合消防安全要求的，应当书面报请当地人民政府或者通报有关部门予以解决；发现医院、养老院、学校、幼儿园、地铁站，以及生产、储存易燃易爆危险品的单位等存在重大火灾隐患，单位自身确无能力解决的，或者本地区存在影响公共安全的重大火灾隐患难以整改的，以及涉及几个单位的比较重大的火灾隐患，应取得当地消防救援机构和上级主管部门的支持。消防救援机构应当书面报请当地人民政府协调解决。

无论什么火灾隐患，在问题未解决之前，都应采取必要的临时性防范补救措施，防止火灾的发生。

6. 消防安全检查人员要严格遵守工作纪律

消防安全检查人员要严格遵守工作纪律，不得滥用职权、玩忽职守、徇私舞弊。消防安全检查人员如有以下行为，构成犯罪的，应当依法追究刑事责任；尚不构成犯罪的，应当依法给予责任人员行政处分：①不按规定制作、送达法律文书，超过规定的时限复查，或者有其他不履行或者拖延履行消防监督检查职责的行为，经指出不改正的；②依法受理的消防安全检查申报，未经检查或者经检查不符合消防安全条件，同意其施工、使用、生产、营业或举办的；③对当事人故意刁难的或在消防安全

检查工作中弄虚作假的；④利用职务之便为用户指定消防产品的销售单位、品牌或者消防设施施工、维修、检测单位的；⑤接受、索要当事人财物或者谋取不正当利益的；⑥向当事人强行摊派各种费用、乱收费的；⑦其他滥用职权、玩忽职守、徇私舞弊的行为。

（二）火灾隐患的整改期限

火灾隐患的整改，按隐患的危险、危害程度和整改的难易程度，可以分为立即改正和限期整改2种方法。

1. 立即改正

立即改正是指对不立即改正随时就有发生火灾的危险，或整改起来比较简单，不需要花费较多的时间、人力、物力、财力，对生产经营活动不产生较大影响的隐患等，存在隐患的单位、部门当场进行整改的方法。消防安全检查人员在安全检查时，应当责令立即改正，并在《消防安全检查记录》上记载。

2. 限期整改

限期整改是指对过程比较复杂、涉及面广，对生产影响比较大，又要花费较多的时间、人力、物力、财力才能整改的隐患，采取一种限制在一定期限内进行整改的方法。限期整改一般情况下都应由存在隐患的单位负责，成立专门组织，各类人员参加研究，并根据消防救援机构的《重大火灾隐患整改通知书》或《停产停业整改通知书》的要求，结合本单位的实际情况制订出一套切实可行并限定在一定时间或期限内整改完毕的方案，将方案报请上级主管部门和当地消防救援机构批准。火灾隐患整改完毕后，应申请复查验收。

第三节 安全检查与消防安全检查

一、安全检查

安全检查是发现和消除事故隐患、落实安全措施、预防事故发生的重要手段，是生产经营单位贯彻落实"安全第一、预防为主、综合治理"方针的有效途径。在企业安全生产管理中，安全检查占据着非常重要的地位。

安全检查就是要对生产过程中影响正常生产的各种因素，如机械、电气、工艺、仪表、设备等物的因素与人的因素进行深入、细致的调查研究，及时发现不安全因素，消除事故隐患。也就是把可能发生事故的各种因素消灭在萌芽状态，做到防患于未然，最终达到确保生产经营单位安全、健康、稳定发展的目的。

（一）安全检查的类型

安全检查的分类可以从不同角度进行，常用的分类有以下2种。

1. 按照检查方式分类

（1）定期安全检查。定期安全检查一般是通过有计划、有组织、有目的的形式来实现的。检查周期根据各单位的实际情况确定，如次／年、次／季、次／月、次／周等。定期检查面广、有深度，能及时发现并解决问题。

（2）经常性安全检查。经常性安全检查是采取个别的、日常的巡视方式来实现的。在施工（生产）的过程中进行经常性的预防检查，能及时发现隐患、及时消除隐患，保证施工（生产）的正常进行。

（3）季节性及节假日前后安全生产检查。由各级生产经营单位根据季节变化，按事故发生的规律对易发生的潜在危险进行季节性检查。比如，冬季防冻保温、防火、防煤气中毒等检查，夏季防暑降温、防汛、防雷电等检查。由于节假日（特别是重大节日，如春节、劳动节、国庆节）前后容易发生事故，因而应进行有针对性的安全检查。

（4）专项安全生产检查。专项安全生产检查是对某个专项问题或在施工（生产）中存在的普遍性安全问题进行的单项定性检查。专项安全生产检查具有较强的针对性和较高专业要求，用于检查难度较大的项目。通过检查，发现潜在问题，研究整改对策，进行技术改造，及时消除隐患。

（5）综合性安全生产检查。综合性安全生产检查一般是由主管部门对下属各企业或生产单位进行的全面的综合性检查，必要时可组织进行系统的安全性评价。

（6）不定期的职工代表巡视安全生产检查。由企业或车间工会负责人组织有专业技术特长的职工代表进行巡视安全生产检查。检查的重点包括：①国家安全生产方针、法规的贯彻执行情况；②各级人员安全生产责任制和规章制度的落实情况；③从业人员权利的保障情况；④生产现场的安全情况；⑤检查事故原因、隐患整改情况，对责任者提出处理意见等。此类检查可进一步强化各级领导安全生产责任制的落实，促进职工劳动保护合法权利的维护。

2. 按照检查性质分类

（1）一般性检查。一般性检查是一种经常的、普遍性的检查，目的是对安全管理、安全技术、工业卫生的情况进行一般性的了解。对于这种检查，安全生产主管部门一般每年进行1～2次，生产经营单位一般每年进行2～4次，基层单位每月或每周进行1次。此外，还有专职安全人员进行的日常检查。在一般性检查中，检查项目依不同的生产经营单位的实际情况而定，但以下几个方面均须列入：一是各类设备有无潜在的事故危险；二是对上述危险或缺陷采取的具体措施；三是对出现的紧急情况，有无可靠的消除、防御措施。

（2）专业性检查。专业性检查是指针对特殊作业、特殊设备、特殊场所进行的检查，如电气焊设备，起重设备，运输车辆，压力容器，有毒有害、易燃易爆场所等。这类设备和场所由于事故危险性大，如事故发生，造成的后果极其严重。所以，专业性检查除了由生产经营单位的有关部门负责外，上级有关部门也应指定专业技术人员进行定期检查。

专业性检查的特点主要体现在：一是专业性强，集中检查生产经营单位在某一专业方面的装置、系统及与之相关的问题，目标集中，检查可细致、深入进行；二是技术性强，检查内容以生产、安全的技术规程和标准为依据；三是以现场实际检查为主，不影响被检查企业的日常工作。

（3）季节性检查。季节性检查是根据季节特点，为保障安全生产的特殊要求所进行的检查。自然环境的季节性变化，会对某些建筑、设备、材料或生产过程，以及运输、贮存等环节产生某些影响。而某些季节性外部事件，如大风、雷电、洪水等，还会造成重大事故，给生产经营单位造成损失。因此，为了消除因季节变化而产生的事故隐患，必须进行季节性检查。比如，春季风大，应着重防火、防爆；夏季高温、多雨、多雷电，应抓好防暑、降温、防汛、检查雷电防护工作；冬季的检查重点则是防寒、防冻、防滑等。

（4）节假日前后的检查。由于节假日前后部分职工可能因考虑过节等情绪因素而精力分散，因而节假日前后要进行遵章守纪和安全生产的检查，以避免因职工精力分散而出现"三违"现象，或因设备、设施停运而产生故障等问题。

（二）安全检查的组织

依据安全检查的范围、规模和内容的不同，安全检查的组织由不同的部门和人员组成。其组织工作大体可分为5类：①综合性安全检查由主管领导组织，由安全、生产、设备、技术、保卫、工会等有关部门人员组成；②定期安全检查，通过有计划、有组织、有目的的形式进行，检查周期的确定通常根据企业的规模、性质、地区气候、地理环境等因素决定，定期安全检查可以与重大危险源评估、现状安全评价等工作结合开展；③专业性安全检查由有关部门分别组织，由各专业工程技术和安全管理干部组成专业检查组，负责专业性安全检查；④班组安全检查由班组长组织，班组安全员参加；⑤岗位安全检查由岗位操作员在班前、班中和班后对设备和自身防护进行检查。

（三）安全检查的内容

安全检查的内容包括软件系统和硬件系统。软件系统的安全检查主要是查思想、查意识、查制度、查管理、查事故处理、查整改，硬件系统的安全检查主要是查生产设备、安全设施、作业环境。安全检查的具体内容应当本着突出重点的原则进行确定。对于危险性大的、易发事故的、事故危害大的生产系统、部位、装置、设备等应加强检查。

安全检查主要体现在以下几个方面。

1. 查现场、查隐患

安全生产检查主要以查现场、查隐患为主，深入生产现场，检查企业的劳动条件、生产设备及相应的安全卫生设施是否符合安全要求。

2. 查思想、查意识

在查隐患，发现不安全因素的同时，应注意检查企业领导的思想路线，检查他们对安全生产的认识是否正确，是否把员工的安全健康放在第一位，特别应严格检查各项安全生产法规及安全生产方针的贯彻执行情况。

3. 查管理、查制度

安全生产检查是对企业安全管理上的大检查，检查内容包括：①企业领导是否把安全生产工作提上议事日程；②"五同时"的要求是否得到落实；③企业各职能部门在各自业务范围内是否对安全生产负责；④安全专职机构是否健全；⑤工人群众是否参与安全生产的管理活动；⑥改善劳动条件的安全技术措施计划是否按年度编制和执行；⑦安全技术措施费用是否按规定提取和使用；⑧"三同时"的要求是否得到落实等。

此外，还要检查企业的安全教育制度，如新工人入厂的"三级教育"制度，特种作业人员和调换工种工人的培训教育制度，以及各工种操作规程和岗位责任制等。

4. 查事故处理

检查企业对工伤事故是否及时报告、认真调查、严肃处理。在检查中，发现未按"四不放过"的要求草率处理的事故，要重新处理，从中找出原因，采取有效措施，防止类似事故重复发生。

在安全检查工作中，各企业可根据各自的情况和季节特点，做到每次检查的内容有所侧重，突出重点，真正取得较好的效果。

5. 查整改

对被检查单位上一次查出的问题，按其当时登记的项目、整改措施和期限进行复查。检查是否进行了整改及整改的效果。没有整改或整改不力的，要重新提出要求，限期整改。对重大事故隐患，应根据不同的情况进行查封或拆除。

（四）安全检查的方法

1. 常规检查法

常规检查是一种常见的检查方法，通常是由安全管理人员作为检查工作的主体，到作业场所现场进行检查。它需要通过感官或一定的简单工具、仪表等辅助，对作业人员的行为、作业场所的环境条件、生产设备设施等进行定性检查。安全检查人员通过这一方式，及时发现现场存在的安全隐患并采取措施予以消除，纠正施工人员的不安全行为。常规检查完全依靠安全检查人员的经验和能力，检查的结果直接受安全检查人员个人素质的影响。因此，常规检查对安全检查人员个人素质的要求较高。

2. 安全检查表法

安全检查表是事先把系统加以剖析，列出各层次的不安全因素，确定检查项目，并把检查项目按系统的组成顺序编制成表，以便进行检查或评审。安全检查表是进行安全检查，发现潜在危险，督促各项安全法规、制度、标准实施的一个较为有效的工具。它是安全系统中最基本的一种形式。

安全检查表应列举须查明的所有可能会导致事故的不安全因素。每个检查表均须注明检查时间、检查者、直接负责人等，以便分清责任。安全检查表的设计应做到系统、全面，检查项目应明确。

3. 仪器检查法

机器、设备内部的缺陷及作业环境条件的真实信息或定量数据，只有通过仪器检查法才能进行定量化的检验与测量，以便发现安全隐患，从而为后续整改提供信息。因此，必要时需要实施仪器检查。由于被检查的对象不同，检查所用的仪器和手段也不同。

二、消防安全检查

（一）消防安全检查的意义

消防安全检查是指具有隶属关系的上级领导机关对下级单位或部门消防安全工作情况进行的专项检查，是为了督促查看所辖单位内部的消防工作情况和查看消防工作中存在的问题而进行的一项安全管理活动，是实施消防安全管理的一条重要措施，也是控制重大火灾、减少火灾损失、维护社会秩序安定的一个重要手段。

（二）单位的消防安全检查

1. 单位消防安全检查的目的与形式

（1）单位消防安全检查的目的。单位通过消防安全检查，对本单位的消防安全制度、安全操作规程的落实和遵守情况进行检查，以督促规章制度、措施的贯彻落实。这是单位自我管理、自我约束的一种重要手段，是及时发现和消除火灾隐患、预防火灾发生的重要措施。

（2）消防安全检查的形式。消防安全检查是一项长期的、经常性的工作，在组织形式上应采取经常性检查和定期性检查相结合、重点检查和普遍检查相结合的形式。

2. 单位的防火巡查与防火检查

（1）单位的防火巡查。消防安全重点单位应当进行每日防火巡查，并确定巡查的人员、内容、部位和频次；其他单位可以根据需要组织防火巡查。公众聚集场所在营业期间的防火巡查应当至少每2小时1次；营业结束时应当对营业现场进行检查，消除遗留火种。医院、养老院、寄宿制的学校、托儿所、幼儿园应当加强夜间防火巡查，其他消防安全重点单位可以结合实际组织夜间防火巡查。

防火巡查人员应当及时纠正违章行为，妥善处置火灾危险；无法当场处置的，应当立即报告。发现初起火灾应当立即报警并及时扑救。防火巡查应当填写巡查记录，巡查人员及其主管人员应当在巡查记录上签名。

单位进行防火巡查的内容应当包括：①用火、用电有无违章情况；②安全出口、疏散通道是否畅通，安全疏散指示标志、应急照明是否完好；③消防设施、器材和消防安全指示标志是否在位、完整；④常闭式防火门是否处于关闭状态，防火卷帘下是否堆放物品影响使用；⑤消防安全重点部位的人员在岗情况；⑥其他消防安全情况。

（2）单位的防火检查。机关、团体、事业单位应当至少每季度进行1次防火检查，其他单位应当至少每月进行1次防火检查。防火检查应当填写检查记录。检查人员和被检查部门负责人应当在检查记录上签名。

单位进行防火检查的内容应当包括：①火灾隐患的整改情况以及防范措施的落实情况；②安全疏散通道、疏散指示标志、应急照明和安全出口情况；③消防车通道、消防水源情况；④灭火器材配置及有效情况；⑤用火、用电有无违章情况；⑥重点工种人员以及其他员工消防知识的掌握情况；⑦消防安全重点部位的管理情况；⑧易燃易爆危险物品和场所防火防爆措施的落实情况以及其他重要物资的防火安全情况；⑨消防（控制室）的值班情况和设施运行、记录情况；⑩防火巡查情况；⑪消防安全标志的设置情况和完好、有效情况；⑫其他需要检查的内容。

单位防火检查的方法是指单位为达到实施防火检查的目的所采取的手段和方法。防火检查手段直接影响检查的质量，单位消防安全管理人员在进行自身防火检查时应根据检查对象的情况，灵活应用各种方式，了解检查对象的消防安全管理情况。其中，比较常用的防火检查方法有查阅消防档案、询问员工、测试消防设施，以及查看消防通道、防火间距、灭火器材、消防设施等。

第四节 消防系统管理

一、消防系统的选择

建筑消防系统是预防和扑救火灾的重要手段，主要包括消防给水系统，泡沫、气体灭火系统，消防电气、火灾自动报警系统，其他建筑消防系统。

（一）消防给水系统

消防给水系统包括室外消防给水系统、室内消火栓给水系统、自动喷水灭火系统、水喷雾灭火系统、细水雾灭火系统和固定消防水炮灭火系统。

1. 室外消防给水系统

室外消防给水系统是消防给水工程的重要组成部分，主要任务是为消防车提供火场消防用水。室外消防给水系统由消防水源、取水系统、水处理系统、给水设备、给水管网和室外消火栓等系统组成。

城市、居住区、工厂、仓库在进行规划和建筑设计时，必须同时设计消防给水系统。城市、居住区应设市政消火栓，民用建筑、厂房（仓库）、储罐（区）、堆场应设室外消火栓。

2. 室内消火栓给水系统

室内消火栓给水系统是建筑物应用最广泛的一种消防系统。它既可供火灾现场人员使用扑救建筑物的初起火灾，又可供消防队员扑救建筑物的大火。

室内消火栓给水系统由消防水源、供水设备、室内消防给水管网、室内消火栓设备、报警控制设备及系统附件组成。

3. 自动喷水灭火系统

自动喷水灭火系统是扑救建（构）筑物初起火灾最有效的消防系统。自动喷水灭火系统对环境无污染，灭火效率较高，广泛应用于民用建筑、工业厂房及仓库。特别适用于在人员密集、不易疏散、外部增援灭火与救生较困难、性质重要或火灾危险性较大的场所。

（1）自动喷水灭火系统的组成。自动喷水灭火系统由洒水喷头、报警阀、水流报警装置、管道、供水系统、消防控制设备等组件组成，并能在发生火灾时自动喷水灭火。不同类型的自动喷水灭火系统所含主要组件不完全相同。

（2）自动喷水灭火系统的类型。按系统工作原理和适用范围不同，自动喷水灭火系统分为湿式系统、干式系统、预作用系统、重复启闭预作用系统、快速响应早期抑制喷头的自动喷水灭火系统、自动喷水—泡沫联用系统、雨淋系统和水幕系统。

4. 水喷雾灭火系统

水喷雾灭火系统是利用水雾喷头在较高的水压力作用下，将水流分离成0.2~2毫米甚至更小的细小水雾滴，喷向保护对象，通过表面冷却、窒息或冲击乳化、稀释等作用，达到灭火或防护冷却的目的。

水喷雾灭火系统由水雾喷头、管网、过滤器、雨淋阀组、给水设备、消防水源以及火灾自动探测控制设备等组成。系统的自动开启雨淋阀装置，可采用带火灾探测器的电动控制装置和带闭式喷头的传动管装置。

5. 细水雾灭火系统

细水雾灭火系统是指利用细水雾的喷头，并与供水设备或雾化介质相连，通过高压喷水产生水雾滴直径小于400微米的灭火系统。细水雾灭火系统是在水喷雾灭火系统基础上开发的新型灭火系统，由于其水滴粒径细小、雾化程度好，灭火能力得到明显改善，显著提高了水的灭火效率，扩大了水的灭火应用范围。

细水雾灭火系统由细水雾喷头、控制阀、管道、储水容器、储气容器、单向阀、集流管以及火灾探测报警控制装置等部件组成。细水雾灭火系统按其工作压力不同，分为低压细水雾灭火系统、中压细水雾灭火系统和高压细水雾灭火系统。

6. 固定消防水炮灭火系统

固定消防水炮灭火系统具有流量大、射程远、灭火能力强、可自动控制等特点，特别适合展览馆、体育馆等大空间场合的消防保护。

消防水炮系统由水源、消防泵组、管道、阀门、水炮、动力源和控制装置等组成。该系统主要用于保护可能发生A类火灾的大空间建筑，其工作过程与室内消火栓给水系统相同，灭火时水炮可人工操作，亦可远程或自控。

知识链接：根据可燃物的类型和燃烧特性，按标准化的方法对火灾进行的分类。根据《火灾分类》（GB/T 4968—2008）中的规定，将火灾分为A、B、C、D、E和F共6类。

A类火灾：固体物质火灾。这种物质通常具有有机物质性质，一般在燃烧时能产生灼热的余烬，如木材、干草、煤炭、棉、毛、麻、纸张等火灾。

B类火灾：液体或可熔化的固体物质火灾，如煤油、柴油、原油、甲醇、乙醇、沥青、石蜡、塑料等火灾。

C类火灾：气体火灾，如煤气、天然气、甲烷、乙烷、丙烷、氢气等火灾。

D类火灾：金属火灾，如钾、钠、镁、钛、锆、锂、铝镁合金等火灾。

E类火灾：带电火灾。物体带电燃烧的火灾。

F类火灾：烹饪器具内的烹饪物（如动植物油脂）火灾。

（二）泡沫、气体灭火系统

1. 泡沫灭火系统

泡沫灭火系统普遍用于甲、乙、丙类液体的生产、加工、储存、运输和使用场所。

（1）泡沫灭火系统的组成。泡沫灭火系统主要由消防水泵、消防水源、泡沫灭火剂储存装置、泡沫比例混合装置、泡沫产生装置及管道等组成。它是通过泡沫比例混合器将泡沫灭火剂与水按比例混合成泡沫混合液，再经泡沫产生装置形成空气泡沫后施放到着火对象上实施灭火的系统。

（2）泡沫灭火系统的工作原理。按泡沫产生倍数的不同，泡沫灭火系统分为高、中、低倍数3种系统。高倍数泡沫系统的主要灭火机理是通过密集状态的大量高倍数泡沫封闭火灾区域，以淹没和覆盖的共同作用阻断新空气的流入达到窒息灭火。中倍数泡沫系统的灭火机理，取决于其发泡倍数和使用方法。低倍数泡沫系统的主要灭火机理是通过泡沫层的覆盖、冷却和窒息等作用，实现扑灭火灾的目的。当以较低的倍数用于扑救甲、乙、丙类液体流淌火灾时，其灭火机理与低倍数泡沫相同。当以较高的倍数用于全淹没方式灭火时，其灭火机理与高倍数泡沫相同。

（3）泡沫灭火系统的类型。为适应保护对象的需要，泡沫灭火系统有低倍数泡沫灭火系统、泡沫喷淋灭火系统、泡沫—水喷淋联用灭火系统、泡沫炮灭火系统、高中倍数泡沫灭火系统。

2. 气体灭火系统

（1）气体灭火系统的概念。气体灭火系统是以气体作为灭火介质，通过气体在整个防护区或保护对象周围的局部区域建立起灭火浓度实现灭火的灭火系统。其适用范围是由气体灭火剂的灭火性质决定的。由于其特有的性能特点，气体灭火系统主要用于保护某些特定场合，是建筑物内安装的灭火设施中的一种重要形式。

目前，在民用建筑的灭火系统中，气体灭火系统的使用仅次于水灭火系统，在通信机房、变配电室、电子信息机房、档案资料室、博物馆、图书馆等不宜用水扑救的场所得到了广泛的应用。

（2）气体灭火系统的分类。按防护对象的保护形式不同，气体灭火系统可以分为全淹没系统和局部应用系统2种形式；按其安装结构形式不同，又可以分为管网灭火系统和预制灭火系统，在管网灭火系统中又可以分为组合分配灭火系统和单元独立灭火系统；按使用的灭火剂不同，可以分为二氧化碳灭火系统、七氟丙烷灭火系统和惰性气体灭火系统等。

（3）气体灭火系统的组成。气体灭火系统一般由灭火剂瓶组、驱动气体瓶组、单向阀、选择阀、减压装置、驱动装置、集流管、连接管、喷嘴、信号反馈装置、安全泄放装置、控制盘、检漏装置、低泄高封阀、管路管件等部件构成。不同的气体灭火系统其结构形式和组成部件的数量也不完全相同。

（三）消防电气、火灾自动报警系统

1. 消防电气

（1）消防电源。消防电源是对消防控制室、消防水泵、消防电梯、防排烟、火灾自动报警、自

动灭火系统、应急照明、疏散指示标志和电动的防火门、防火窗、防火卷帘、防火阀门等消防系统提供动力的电源。消防电源的可靠程度直接关系火灾的扑救和组织人员的疏散。

（2）消防应急照明。消防应急照明是指在因火灾事故必须拉闸断电的情况下，提供需要继续工作、保障安全或人员疏散用的照明。

2. 火灾自动报警系统

（1）火灾自动报警系统的概念。火灾自动报警系统设置在建（构）筑物中，用于在火灾初期将燃烧产生的烟雾、热量和光辐射等物理量，通过感温、感烟或感光等火灾探测器变成电信号，及时报警，并传输到火灾报警控制器，显示火灾发生的部位，且自动启动相应的消防联动控制设备，开启自动消防系统控制和扑灭火灾。

（2）火灾自动报警系统的组成。火灾自动报警系统主要由触发器件（包括火灾探测器和手动火灾报警按钮）、火灾报警装置、火灾警报装置、消防控制设备和其他辅助功能的装置组成。火灾探测器、火灾报警控制器是该系统的2个重要组件。

（3）火灾自动报警系统的类型。火灾自动报警系统可分为以下几种。

①区域报警系统。它由区域火灾报警控制器和火灾探测器等组成，或由火灾报警控制器和火灾探测器等组成，是功能简单的火灾自动报警系统。

②集中报警系统。它由集中火灾报警控制器、区域火灾报警控制器和火灾探测器等组成，或由火灾报警控制器、区域显示器和火灾探测器等组成，是功能较复杂的火灾自动报警系统。

③控制中心报警系统。它由消防控制室的消防控制设备、集中火灾报警控制器、区域火灾报警控制器和火灾探测器等组成，或由消防控制室的消防控制设备、火灾报警控制器、区域显示器和火灾探测器等组成，是功能较复杂的火灾自动报警系统。

KTV及其包房内，还应当设置声音火灾视像警报，保证在火灾发生初期，将各KTV房间的画面、音响消除，播送火灾警报，引导人员安全疏散。

（四）其他建筑消防系统

1. 防排烟系统

防排烟系统是指建筑内的用以防止火灾烟气蔓延扩大的防烟系统和排烟系统的总称。二者的目的都是保证人员的安全和消防救援的顺利进行。防烟系统采用机械加压送风方式或自然通风方式，防止建筑物发生火灾时烟气进入疏散通道和避难场所等区域；排烟系统采用机械排烟方式或自然通风方式，将烟气排至建筑物外。

2. 防火分隔系统

防火分隔系统是指在建筑物内部或在2座相邻建筑物之间为避免火灾蔓延扩大而采取的防火隔间的边缘构件系统。它通过使用防火墙、楼板、防火门或防火卷帘等设施，将建筑物分隔成不同的区域，以将火灾限制在一定的局部区域内，防止火势蔓延到建筑的其他部分。这种分隔不仅对火焰有阻碍作用，同时也对烟气流动起到了隔断作用，从而为人员安全疏散和消防扑救提供了有利条件。

3. 消防电梯

消防电梯是指在建筑物内设置的专门用于消防救援的电梯设备。它在火灾发生时，能够为人员疏散和消防人员救援提供便利和保障。

消防电梯具备以下特点和功能：①防火性能，消防电梯具备防火门、防火墙等防火设施，能够在火灾发生时有效隔离烟气和火源，保证电梯井道内的安全；②疏散功能，消防电梯能够在火灾发生时为人员提供快速、安全的疏散通道，减少人员伤亡；③救援功能，消防电梯能够为消防人员提供上下楼层的便利，提高救援效率。

4. 灭火器

（1）灭火器的概念。灭火器是一种可携式灭火工具，是常见的消防器材之一，存放在公共场所或可能发生火灾的地方。不同种类的灭火器内装填的成分不一样，专为不同的火灾起因而设。

灭火器主要适用在火灾初起之时，由于范围小、火势弱，是扑救火灾的最有利时机。正确、及时地使用灭火器，可以有效降低人身损害和财产损失。

（2）灭火器的种类。

①根据操作使用方法不同，灭火器分为手提式灭火器和推车式灭火器。手提式灭火器是指能在其内部压力作用下，将所装的灭火剂喷出以扑救火灾，并可手提移动的灭火器具。手提式灭火器的总重量一般不大于 20 千克。推车式灭火器是指装有轮子的、可由 1 人推（或拉）至火场，并能在其内部压力作用下，将所装的灭火剂喷出以扑救火灾的灭火器具。推车式灭火器的总重量不大于 40 千克。

②根据充装的灭火剂类型不同，灭火器分为水基型灭火器、干粉灭火器、二氧化碳灭火器和洁净气体灭火器。

a. 水基型灭火器。水基型灭火器的充装以清洁水为主，可添加湿润剂、增稠剂、阻燃剂或发泡剂等。水基型灭火器包括清水灭火器和泡沫灭火器。

清水灭火器通过冷却作用灭火，主要用于扑救固体火灾即 A 类火灾，如木材、纸张、棉麻、织物等的初起火灾。采用细水雾喷头的清水灭火器也可用于扑救可燃液体的初起火灾。

泡沫灭火器充装的是水和泡沫灭火剂，可分为化学泡沫灭火器和空气泡沫（机械泡沫）灭火器。化学泡沫灭火器已被空气泡沫（机械泡沫）灭火器替代。泡沫灭火器主要用于扑救 B 类火灾，如汽油、煤油、柴油、苯、二甲苯、植物油、动物油脂等的初起火灾；也可用于扑救固体 A 类火灾，如木材、竹器、纸张、棉麻、织物等的初起火灾；但不适用于带电设备火灾和 C 类气体火灾、D 类金属火灾。

b. 干粉灭火器。干粉灭火器是目前使用最普遍的灭火器。干粉灭火器有 2 种类型：一种是碳酸氢钠干粉灭火器，又称 BC 类干粉灭火器，用于扑救液体、气体火灾；另一种是磷酸铵盐干粉灭火器，又称 ABC 类干粉灭火器，可扑救固体、液体、气体火灾，应用范围较广。

干粉灭火器充装的是干粉灭火剂。干粉灭火剂的粉雾与火焰接触、混合时，发生一系列物理或化学反应。干粉灭火剂可以降低残存火焰对燃烧表面的热辐射，并能吸收火焰的部分热量。灭火时分解产生的二氧化碳、水蒸气等对燃烧区域内的氧浓度又有稀释作用。

干粉灭火器主要适用于扑救易燃液体、可燃气体和电气设备的初起火灾，常用于加油站、车库、实验室、交配电室、煤气站、液化气站、油库、船舶、车辆、工矿企业及公共建筑等场所。

c.二氧化碳灭火器。二氧化碳灭火器充装的是二氧化碳灭火剂。二氧化碳灭火剂平时以液态形式储存于灭火器中，主要依靠窒息作用和部分冷却作用灭火。在常压下，液态二氧化碳会立即气化。灭火时，二氧化碳气体可以排除空气而包围在燃烧物体的表面或分布于较密闭的空间中，降低可燃物周围或防护空间的氧气浓度。另外，二氧化碳从储存容器中喷出时，会由液体迅速汽化成气体，在这个过程中会从周围吸收部分热量，起到冷却的作用。

d.洁净气体灭火器。洁净气体灭火器充装的是六氟丙烷灭火剂。该类型的灭火器主要以物理方式灭火，同时伴有化学反应，灭火效能较高。六氟丙烷灭火器可用于扑救可燃固体的表面火灾、可熔固体火灾、可燃液体及灭火前能切断气源的可燃气体火灾，还可扑救带电设备火灾。

③根据驱动灭火器的压力形式不同，灭火器分为储气瓶式灭火器和储压式灭火器。储气瓶式灭火器是灭火剂由灭火器的储气瓶释放的压缩气体或液化气体的压力驱动的灭火器。储压式灭火器是灭火剂由储存于灭火器同一容器内的压缩气体或灭火剂蒸气压力驱动的灭火器。

二、消防系统的维护管理

（一）灭火器的维护管理

1. 水基型灭火器

水基型灭火器的维护管理包括：①应当放置在阴凉、干燥、通风并取用方便的地点，环境温度为4℃～55℃，冬季应注意防冻；②定期检查喷嘴是否堵塞，使之保持通畅，每半年检查灭火器是否有工作压力；③每次更换灭火剂或者出厂已满3年，及以后每隔1年，应对灭火器进行水压强度试验，水压强度合格才能继续使用；④灭火器的检查应当由经过培训的专业人员进行，维修应由取得维修许可证的专业单位进行。

2. 干粉灭火器

干粉灭火器的维护管理包括：①应当放置在保护物体附近且干燥通风和取用方便的地方；②注意防止受潮和日晒，灭火器各连接件不得松动，喷嘴塞盖不能脱落，保证密封性能；③应按制造厂的规定定期进行检查，发现灭火剂结块或储气量不足时，应更换灭火剂或补充气量；④一经开启必须进行再充装，再充装应由经过训练的专人按制造厂的规定要求和方法进行，不得随意更换灭火剂的品种和重量，充装后的储气瓶应进行气密性试验，不合格的不得使用；⑤灭火器出厂满5年或每次再充装前，及以后每隔2年，应进行水压试验，合格的方可使用。

3. 二氧化碳灭火器

二氧化碳灭火器的维护管理包括：①应放置在明显、取用方便的地方，不可放在采暖或加热设备附近和阳光强烈照射的地方，存放温度应为 -10℃～55℃；②定期检查灭火器钢瓶内二氧化碳的存量，当重量减少10%时，应及时补充灌装；③在搬运过程中，应轻拿轻放，防止撞击；④在寒冷季

微课：消防系统的维护管理

节使用二氧化碳灭火器时，阀门（开关）开启后，不得时启时闭，以防阀门冻结；⑤灭火器出厂满 5 年或每次再充装前，及以后每隔 2 年应进行水压试验，并打上试验年、月的钢印。

4. 洁净气体灭火器

洁净气体灭火器的维护管理包括：①应存放在通风、干燥、阴凉及取用方便的场合，环境温度应为 0 ℃～50 ℃；②不要存放在加热设备附近，也不应放在有阳光直晒的地点及有强腐蚀性的地方；③每半年左右检查灭火器上显示内部压力的显示器，如发现指针已降到红色区域，应及时送维修部门维修；④每次使用后不管灭火剂是否有剩余，都应送维修部门进行再充装，每次再充装前或出厂期满 5 年，及以后每隔 2 年应进行水压试验，试验合格方可继续使用。

（二）火灾自动报警系统的维护管理

火灾自动报警系统的维护是使系统能长期、稳定、准确、可靠工作的保证，特别是火灾探测器，对环境有一定的要求。从目前使用的情况来看，其工作环境往往达不到要求，长期使用引起其经常性出现误报，造成不必要的恐慌。所以，使用单位必须加强火灾自动报警系统的日常运行管理，严格按照设备操作规程使用，经常性地对设备进行维护、保养，这样才能达到发生火情时系统迅速报警的目的。

火灾自动报警系统的维护应做到以下几个方面。

一是使用单位必须具有系统竣工图、设备技术资料、使用说明书及调试开通报告、竣工报告等文件资料，并经当地消防救援机构验收合格后，方可正式投入运行。任何单位或个人不得擅自决定使用火灾自动报警系统。

二是必须制定严格的系统管理制度，包括系统操作规程，系统操作人员消防工作职责，值班制度，系统定期检查、维护保养制度等。管理者定期检查制度的落实情况。

三是必须配备责任心强、具有较高文化程度和专业知识的人员负责系统的管理、使用和维护，其他无关人员不得随意触动设备。

四是操作、维护人员应熟练掌握火灾自动报警系统的结构、主要性能、工作原理和操作规程，对本单位报警系统的报警区域、探测区域的划分以及火灾探测器的分布应做到了如指掌，并经过专业培训取得上岗证，持证上岗。

五是必须建立火灾自动报警系统的技术档案，制订《火灾自动报警系统运行记录》《火灾自动报警系统维护保养记录》等图样表格，认真填写记录。发现问题时，应及时报告本单位负责人；出现大的问题时，如系统运行中断等，应及时报告当地消防救援机构。

六是为了保证火灾自动报警系统的连续正常运行和可靠性，使用单位应建立定期检查、维护程序，包括检查火灾报警控制器的功能是否正常，对火灾自动报警系统的功能进行试验等。

七是火灾探测器在投入运行 2 年后，应每隔 3 年进行 1 次全面清洗，对于使用环境条件较差的火灾探测器应每年进行 1 次全面清洗。火灾探测器的清洗应送专业清洗维护部门进行，清洗维护后要对火灾探测器逐个进行响应值试验。

（三）室外消火栓的维护管理

室外消火栓分为地下消火栓和地上消火栓，应分别进行清洁维护。

1. 地下消火栓

地下消火栓的维护管理包括：①用专用扳手转动消火栓启闭杆，观察其灵活性，必要时加注润滑油；②检查密封件有无损坏、老化、丢失等情况；③检查栓体外油漆有无脱落、有无锈蚀，如有应及时修补；④入冬前检查消火栓的防冻设施是否完好；⑤定期对地下消火栓进行出水试验；⑥随时清除消火栓井周围及井内可能积存的杂物；⑦地下消火栓应有明显的标志，要保持室外消火栓配套器材和标志的完整、有效。

2. 地上消火栓

地上消火栓的维护管理包括：①用专用扳手转动消火栓启动杆，检查其灵活性，必要时加注润滑油；②检查出水口闷盖是否密封，有无缺损；③检查栓体外表油漆有无剥落、有无锈蚀，如有应及时修补；④定期对地上消火栓进行出水试验；⑤定期检查消火栓的端阀门井，消除堆、挡、埋、压等现象，清除阀门井内的杂物；⑥保持配套器材的完整、有效，无遮挡。

（四）室内消火栓的维护管理

室内消火栓的维护管理包括：①室内消火栓、水枪、水带、消防水喉是否齐全完好，有无生锈、漏水，接口垫圈是否完整无缺，并进行防水检查，检查后及时擦干，在消火栓阀杆上加润滑油；②检查消防水泵在发生火灾时能否正常供水；③检查报警按钮、指示灯及报警控制线路功能是否正常、无故障；④检查消火栓箱及箱内装配的消防部件的外观有无损坏，涂层是否脱落，箱门玻璃是否完好无缺；⑤对室内的消火栓的维护管理，应做到各组成设备经常保持清洁、干燥，防锈蚀或无损坏，为防止生锈，消火栓手轮丝杆处等转动部位应经常加注润滑油，设备如有损坏，应及时修复或更换；⑥日常检查时如发现室内消火栓四周放置影响消火栓使用的物品，应进行清除。

（五）自动洒水喷头的维护管理

自动洒水喷头的维护管理包括：①安装喷头的位置不得设置影响喷头布水性能的阻碍物，当发现喷水有影响喷头动作或洒水的障碍物时，应立即进行清理；②更换喷头时应使用专用把手，不得利用喷头轭臂进行安装与拆卸；③对于各种不同规格的喷头，均应有一定数量的备用量，其数量不应小于安装总数的1%，且每种备用喷头不应小于10个。

（六）应急广播系统扬声器和消防专用电话的维护管理

由于应急广播系统扬声器和消防专用电话都为有源器件，在清洁维护时要格外小心。

1. 应急广播系统扬声器的维护

非专业人员不要随意拆卸扬声器；不要用水冲洗或湿布擦拭扬声器，以免进水造成短路，损坏器件；可用吹风机吹扫或用不太湿的布擦拭扬声器表面。

2. 消防专用电话的维护管理

非专业人员不要随意拆卸电话主机、分机和电话插孔；不要用水冲洗或湿布擦拭消防专用电话，以免进水造成短路，损坏器件；可用吹风机吹扫或用不太湿的布擦拭设备表面。

（七）应急照明灯具与疏散指示标志的维护管理

1. 应急照明灯具的维护管理

（1）外观检查。为了安全有效地使用应急照明灯具，应定期进行外观清扫、检查。对于外观破损的应急照明灯具，应及时更换。清洁灯具时，先用柔软布料蘸肥皂水拧干后擦拭，再用干布擦净。需要注意以下几点：一是不得采用挥发物擦拭灯具表面；二是不要对灯具喷洒杀虫剂，否则会导致灯具变色或损坏；三是不得使用强碱性溶剂擦拭灯具，否则容易造成灯具部件强度降低和损坏。

（2）切断正常供电电源，用秒表测量应急工作状态的持续时间。

（3）使用的应急照明灯具，不得让水进入灯体。如有进水，应及时清理。清理时必须切断电源。

（4）定期由专业人员对应急照明灯具进行测试。接通测试按钮，看是否能应急点亮，如有故障应及时排除。如是灯泡损坏，应及时更换相应规格的灯泡；如是线路板故障，应更换线路板，以保证灯具经常处于正常工作状态。

（5）应急照明灯具蓄电池有一定的寿命年限，超出此期限后，必须进行更换。更换电池后须进行测试，应符合相关规定要求。

2. 疏散指示标志的维护管理

（1）检查是否固定牢靠、无遮挡，状态正常。

（2）切断正常供电电源后，建筑高度超过100米的建筑疏散照明工作状态的持续时间应大于或等于30分钟，其他建筑疏散照明工作状态的持续时间应大于等于20分钟。

（3）疏散照明的地面照度不应低于0.5勒克斯，地下工程疏散照明的地面照度不低于5勒克斯。

（4）消防疏散指示标志应符合相关亮度要求。

（5）对外观进行检查和维护，如有破损，应及时进行修复或更换。

（6）清洁疏散指示标志时，先用柔软布料蘸肥皂水拧干后擦拭，再用干布擦净。注意不得用易挥发物擦拭疏散指示标志表面，不得对疏散指示标志喷洒杀虫剂，不得使用强碱性溶剂擦拭。

（八）气体灭火系统的维护管理

1. 日常维护

（1）日常检查。每日检查消防泵房、消防水箱、报警设备等是否处于正常状态，确保灭火系统无明显故障。

（2）功能测试。每月对自动喷水灭火系统进行试水测试，检查喷头是否畅通，报警联动是否正常。对气体灭火系统应定期模拟喷放测试，确保气瓶压力和释放机制正常。

（3）设备清洁。清理喷头周围的灰尘和杂物，防止喷头堵塞。对电气控制设备进行除尘，避免因积灰导致短路。

（4）润滑保养。对消防泵和阀门等机械设备进行润滑保养，避免因长期静置导致卡滞或生锈。

2. 日常保养

要使整个灭火系统在发生火灾的紧急情况下，能够迅速有效地扑灭火灾，必须对其定期进行保养。

消防系统值班员应每星期做1次巡视检查，检查设备有无泄漏、管道系统有无损坏、全部控制开关调定位置是否妥当、所有元件是否完好无损等。

用户与消防设施检测维修单位应签订定期检查维修合同。灭火系统每年至少检修1次，自动检测、报警系统每年至少检查2次。消防设施检测维修机构在检查后应及时把有关检查的报告送交用户。

3. 年度保养

（1）灭火剂容器的年度保养。灭火剂容器的年度保养注意事项包括：①容器有无腐蚀和涂层脱落现象；②容器数量是否符合规定数量；③储存的灭火剂量是否符合标准。

（2）容器阀的年度保养。容器阀的年度保养注意事项包括：①容器瓶有无松动变形、损伤、锈蚀；②先导阀、气动阀活塞杆和活塞是否上推至工作位置；③闸刀阀的闸刀切口处有无弯折、缺损，各闸刀距膜片的位置是否一致；④拆下安全销，检查手动装置动作是否正常；⑤电爆阀的雷管有无受潮情况；⑥电磁阀有无损伤、锈蚀，特别是活动铁芯是否锈住卡死；⑦电磁阀、电爆阀的导线有无损伤，端口有无松动或脱落；⑧安全阀（片）放出口有无灰尘等造成堵塞。

（3）容器组合配管系统的年度保养。容器组合配管系统的年度保养注意事项包括：①配管及连接件有无变形、腐蚀、损伤；②各螺纹连接部分有无松动、漏气（应通气检查）；③对照使用说明书和施工附图，检查操纵管的导路有无错误，管道上止回阀的设置位置和方向有无错误；④总管安全阀的工作压力是否在系统的工作压力范围内；⑤安全阀的出口是否通畅；⑥安全阀及止回阀是否牢固。

（4）选择阀的年度保养。选择阀的年度保养注意事项包括：①阀体有无损伤和变形；②检查气动式选择阀时，可拆卸操纵管与选择阀的连接部位，将试验用气体导入选择阀，检查其工作状态；③检查电动式选择阀时，可按接线端子部位逐个检查各选择阀的工作状态；④操纵管连接是否可靠，有无裂纹；⑤接线端子是否完全固定好，有无损伤脱落；⑥是否有标明选择阀及其对应的防护区域的标志。

（5）喷嘴的年度保养。喷嘴的年度保养注意事项包括：①对照施工说明书中的附图，检查有无未经批准而变更的部分；②对局部应用系统，还应检查被保护对象的位置有无变动，被保护物是否处在喷嘴射程之内；③喷嘴有无变形、损伤、锈蚀；④喷嘴有无脱落、松动；⑤喷孔是否畅通，有无灰尘；⑥喷嘴上如装有密封垫，要检查是否有损坏。

（6）气启动器的年度保养。气启动器的年度保养注意事项包括：①启动容器和操纵管是否牢固；②启动箱和容器的涂漆是否脱落生锈，启动箱门的开闭是否灵活；③启动容器内的气体容器是否比需要量减少10%以上，如容器内的气体量明显减少，则还应在容器与瓶头阀连接部分、安全装置的出口处等涂上肥皂水，检查有无漏气现象；④各连接管、开关等有无松动和损坏；⑤电气接线是否完善，端子有无松动和损坏；⑥用手动和电动打开启动容器的瓶头阀，检查其被控制的部件动作是否准确，以及联动的通风机、门窗的关闭动作是否准确可靠，但要注意防止检查中误放气体；⑦启动器箱门上有无说明标记及高度是否在0.8～1.5米。

（7）气体系统的报警控制器的年度保养。气体系统的报警控制器的年度保养注意事项包括：①操纵箱有无损伤，操纵箱门等关闭是否顺利，涂漆是否脱落、生锈；②操纵箱周围有无障碍物妨碍操作；③操纵箱的高度是否在0.8～1.5米；④自动与手动转换装置操作是否灵活、可靠，转换时指示灯是否准确点亮；⑤操纵箱门有无表示技能特性的说明标记。上述各项完毕后，于铰链处打上铅封印。

此外，还应进行如下各项性能检查：①按下有关按钮，报警器是否立即鸣叫，但应预先通告附近工作人员，以免引起恐慌；②电源指示灯是否常亮；③按下有关按钮时，容器阀、选择阀等的开启动作是否准确，通风机的关闭等动作是否准确无误，但在进行这项检查时，应在有关阀门位置上派专人看管，并预先取下启动容器的电磁阀开放装置，防止气体误放；④按下按钮时，气体放出指示灯是否准确点亮。

（8）附属设备的年度保养。附属设备的年度保养注意事项包括：所有附属设备及辅助零件都应尽量进行手动试验，检查其工作性能是否良好。试验后必须都恢复到原来的位置。

（九）干粉灭火系统的维护管理

在系统的安装区内明显的部位要设置详细的操作说明。操作人员必须操作熟练，严格按规程操作。干粉灭火系统的喷粉时间一般不超过1分钟。某些误操作可引起系统的错误性启动，造成不必要的损失。

要经常检查干粉管路、气体管路是否移位、损坏、腐蚀，以免出现泄漏，影响系统的喷射性能。检查干粉罐的附属件是否正常工作，如安全阀、进气阀、出口阀等是否动作灵活自如。

经常检查喷嘴是否位置正确，喷嘴的密封盖密封是否良好。

检查动力气瓶的压力数值是否在规定的压力范围内。检查气瓶阀是否动作灵活。对减压阀应定期进行动作试验，观察2次压力是否符合规定值。动力气瓶一般2～3年拆下来检查1次，检查瓶阀密封状况，并对气瓶进行水压强度试验。

如果系统附有干粉卷筒，要检查卷筒转动是否灵活。操作干粉喷枪前，要检查开闭动作是否正常。

一般2～3年打开干粉储罐的装粉孔，检查干粉灭火剂是否结块。如果结块，应立即更换，同时取样品，送交权威的检验单位进行性能检查；即使无结块，干粉灭火剂的性能也可能不合格，不合格的需要立即换粉。

干粉储罐的使用时间超过12年，或发现干粉储罐有明显的腐蚀点，就应该进行水压强度试验。试验完毕经干燥后方能装粉。

干粉输送管严禁进水和进污物，发现有积水应及时放出，并用干燥空气将管内吹干。

（十）防排烟系统的维护管理

1. 系统使用前的准备

防排烟系统使用前的准备工作包括：①机械防烟、排烟系统的使用管理单位应由经过专门培训的人员负责系统的管理操作和维护；②机械防烟、排烟系统正式启用时，应具有的文件资料包括系统竣工图，系统主要设备、材料的检验报告及其他技术资料，消防救援机构出具的有关法律文书，系统的操作规程及维护保养管理制度，系统操作人员名册及相应的工作职责；③机械防烟、排烟系统的使用单位应建立技术档案。

2. 系统设施、设备的要求

机械防烟、排烟、通风空调系统所采用的机械加压送风机、送风口（阀）、防火阀、挡烟垂壁、机械排烟风机、排烟口（阀）、排烟防火阀、电动排烟窗、电动防火阀、风机控制柜等设备应是经国家消防产品质量监督检验部门检验合格的产品，有国家消防产品质量监督检验部门出具的检验报告及出厂合格证，其型号规格应符合设计要求；在设备的明显部位应设有耐久性铭牌标识，其内容清晰，设置牢固。

机械加压送风系统、机械排烟系统的控制柜应有注明系统名称和编号的标志；仪表、指示灯显示应正常，开关及控制按钮应灵活可靠；应有手动、自动切换装置。

机械加压送风系统、机械排烟系统的风机应有注明系统名称和编号的标志；传动皮带的防护罩、新风入口的防护网应完好；启动运转平稳，叶轮旋转方向正确，无异常报警与声响。

送风阀、排烟阀、排烟防火阀、电动排烟窗应安装牢固；开启与复位操作应灵活可靠，关闭时应严密，反馈信号应正确。

机械加压送风系统应能自动和手动启动相应区域的送风阀、送风机，并向火灾报警控制器反馈信号；送风口的风速不宜大于 7 米 / 秒；防烟楼梯间的余压值应为 40～50 帕，前室、合用前室的余压值应为 25～30 帕。

机械排烟系统应能自动和手动启动相应区域的排烟阀、排烟风机，并向火灾报警控制器反馈信号。设有补风的系统，应在启动排烟风机的同时启动送风机；排烟口的风速不宜大于 10 米 / 秒，排烟量应符合设计要求；当通风与排烟合用风机时，应能自动切换到高速运行状态。

电动排烟窗系统应具有直接启动或联动控制开启功能。电动防火网应完好无损，开启与复位应灵活可靠，关闭时应严密；应在相关火灾探测器动作后自动关闭并反馈信号。

3. 监控显示的要求

消防控制室应能显示系统的手动、自动工作状态及系统内的防烟 / 排烟风机、防火阀、排烟防火阀的动作状态；应能控制系统的启、停及系统内的防烟 / 排烟风机、防火阀、排烟防火阀、常闭送风口、排烟口、电控挡烟垂壁的开关，并显示其反馈信号；应能停止相关部位正在通风的空调，并接收和显示通风系统内防火阀的反馈信号。

4. 系统运行

机械防烟、排烟系统应始终保持正常运行，不得随意断电或中断。

在正常工作状态下，正压送风机、排烟风机、通风空调风机、电控柜等受控设备应处于自动控制状态，严禁将受控的正压送风机、排烟风机、通风空调风机、电控柜等设置在手动位置。

5. 系统的每日检查和巡查

系统的使用或管理维护单位，每日应对机械防烟、排烟系统的相关设备进行逐个检查或巡查，并认真填写记录。

检查或巡查内容包括：①加压送风系统、机械排烟系统控制柜的标志、仪表、指示灯、开关和控制按钮，用按钮启停每台风机，查看仪表及指示灯显示；②机械加压送风系统、机械排烟系统风机的外观和标志牌，在控制室远程手动启、停风机，查看运行及信号反馈情况；③送风阀、排烟阀、排烟防火阀、电动排烟窗的外观，手动、电动开启，手动复位，动作和信号反馈情况。

思考与练习

1. 简述灭火器的种类。

2. 简述火灾自动报警系统的维护内容。

3. 简述室内消火栓的维护管理内容。

4. 简述应急照明灯具的维护管理内容。

5. 简述气体灭火系统的年度保养内容。

6. 简述干粉灭火系统的维护管理内容。

7. 简述防排烟系统的维护管理内容。

职业技能训练

活动1：分组对教学楼疏散指示标志进行自检测试与维护作业

1. 分组要求：每组8～10人，每组负责1个楼层。分组体现组间同质、组内异质。

2. 作业内容

（1）查看外观和位置，核对指示方向。

（2）查看疏散指示标志自发光情况，测试亮度。

（3）测试系统复位情况。

（4）检查外观、修复和更换情况。

（5）清洁疏散指示标志。

（6）进行小组小结，教师评价。

3. 活动成果：以小组为单位写出自检、维护结果。

活动2：分组对防排烟实训系统进行日常维护保养作业

1. 分组要求：每组8～10人，分组体现组间同质、组内异质。

2. 作业内容

（1）检查机械加压送风机、机械排烟风机、防火阀、排烟窗、风机控制柜的合格证、设备铭牌标识。

（2）检查仪表、指示灯显示是否正常，开关控制按钮是否灵活、可靠。

（3）检查各阀门安装是否牢固。

（4）检测风速、风压。

（5）检测电动排烟窗直接开启和联动控制功能是否正常。

（6）进行小组小结，教师评价。

3. 活动成果：以小组为单位写出维护保养结果。

第五章　场所的消防安全管理

📎 **知识目标**

1. 掌握施工现场的总平面布局。

2. 掌握施工现场临时消防设施中灭火器的设置要求。

3. 掌握公共娱乐场所和集贸市场等特殊场所的消防安全管理。

4. 了解不同特殊场所的特点。

📎 **能力目标**

1. 能够运用相关的规定对不同场所进行消防安全管理。

2. 能够辨识不同场所现场的火灾危险性以及存在的安全隐患。

📎 **重点与难点**

1. 施工现场的火灾风险。

2. 消防车道的设置要求。

3. 集贸市场、宾馆、酒店等场所的消防安全管理措施。

第一节 施工现场的消防安全管理

随着我国城镇建设力度的不断加大，在建工程项目的数量持续攀升，加之高层建筑、地下建筑、巨型建筑的层出不穷，在建的、未完工建筑工程的火灾风险程度会随之增大，进而可能造成极大的人员伤亡和财产损失。因此，正确了解和认识施工现场的火灾风险、总平面布局、建筑防火要求、临时消防设施设置及其内部电气防火管理等方面的内容，对于有效提升消防安全管理尤为必要。

一、施工现场的火灾风险

施工现场是指在建的、未完工的建筑现场。施工现场的火灾危险性与一般居民住宅、厂矿、企事业单位有所不同，由于工程尚未完工，正式的消防设施（如消火栓系统、自动灭火系统、火灾自动报警系统）均未投入使用，且施工现场内有大量的施工材料及众多的现场施工人员，这些都在一定程度上增加了施工现场的火灾危险性。

（一）施工现场的火灾风险分析

1. 施工现场临时建筑物布局不合理

（1）建筑物密集且耐火等级低。施工现场局限性强、人员多，现场内的办公室、员工休息室、职工宿舍、仓库等建筑相互毗邻或者呈"一"字形排列。这些建筑大都为临时建筑，而且都是三级或四级耐火等级、简易结构的建筑物，还有一些职工宿舍与重要仓库和危险品库房相毗邻，甚至临时建筑物相互间只是用三合板等材料简单隔开，有的职工宿舍甚至只有1个安全出口，一旦失火，势必造成严重后果。

（2）易燃、可燃材料多，火灾蔓延速度快。施工现场不可避免地存放可燃材料，如木材、油毡纸、沥青、汽油、松香水等。在建筑工程施工过程中，木材、油漆、塑料等施工材料是经常会使用到的，且都属于易燃材料。所以，施工现场安全隐患较大。这些材料一部分存放在条件较差的临建库房内，另一部分为了施工方便，就会露天堆放在施工现场。此外，施工现场还经常会遗留如废刨花、锯末、油毡、纸头等易燃、可燃的施工尾料，这些物质的存在使施工现场具备了火灾产生的一个必备条件——可燃物。

一些建筑企业雇用外来务工人员，吃和住都在工地，生活中使用的物品很多都是可燃的，这无形中增加了施工现场的火灾荷载。尤其是因施工需要，有的施工现场仍然采用木质等可燃性的脚手架和易燃材料的安全防护物。特别是在装修现场，既堆放着大量的可燃性装修材料，又存放着油漆等易燃易爆危险物品，一旦发生火灾，势必造成火势猛烈，迅速蔓延。

（3）建筑施工现场的消防安全条件较差。一些建筑工地没有配备必要的消防器材，随意堆放建筑材料，堵塞了消防车道，还有的在明火作业区堆放易燃、可燃材料，以及与危险物品库房混用。

（4）一些建筑物未经消防救援机构审批，擅自施工。一些建筑物违规违章施工。有的建筑物未经消防救援机构审批，擅自施工；有的虽然经过消防救援机构审批，但施工单位按建设单位的意图擅自改变局部的平面设计；还有一些单位装修时遮挡消防设施，减少安全出口、疏散出口、疏散走道设计的净宽度和数量，从而留下了火灾隐患。

2. 施工现场消防安全管理不到位

一些施工工地消防安全管理制度是健全的，但并没有真正落到实处；个别的工地连消防安全制度都没有，更谈不上消防安全管理了。部分监管部门忽视了消防管理，一些地方建设主管部门的理解和认知存在偏差，加之施工负责人只重视施工进度和施工质量，忽视消防安全管理。

施工现场消防安全管理不到位，突出表现在以下几个方面。

（1）政府监管部门职能划分不明确，监管职责界定不清。政府监管部门之间在监管职责的划分上存在模糊不清或者交叉重叠等情况，以致无法产生良好的监管效果。部分职能部门对消防安全工作重视程度不够，片面地认为消防安全工作是应急管理部门和消防救援大队的职责，未能有效地履行本部门的监管责任，消防救援机构"单打独斗"现象仍然存在，应急、消防、住建、公安等部门齐抓共管消防安全工作的局面还未形成。这种情况容易导致各个部门之间推诿扯皮、责任推卸等问题出现。

（2）建筑施工现场没有落实消防安全管理制度。许多管理人员认为，在承包出建筑工程之后，即由第三方承担所有的安全工作与安全问题。一些建设单位对于施工工期过于重视，而对消防安全工作流于形式。部分建筑单位把建筑工程层层分包出去，但对消防安全责任制度落实不到位，且部分分包单位不具备施工的资格和条件。许多施工单位把施工人员宿舍与办公场所设置在施工现场，存在较大的火灾隐患。

（3）临时用电管理不到位，电气线路敷设不规范。建筑施工现场管理不到位，将给许多施工人员带来安全隐患，不利于建筑工程的顺利实施，具体体现在：一是在焊割作业过程中，未及时认真清理；二是未针对用电设备选择适合的电线规格，造成电线超负荷运作，进而导致火灾发生；三是盲目拉接电线，不符合电气安装规范和用电规范，导致电线短路而引发火灾。

根据建筑施工的特点，施工场地要动用大量明火作业，如气焊割、喷灯、电炉、烘炉等，特别是到冬季，还要增设锅炉等生活设施。现代建设机械化程度大幅度提高，施工过程中使用的机械设备，如电焊机、电动机、搅拌机、塔式起重机、龙门架等，用电量极大，变压设备和线路很容易超负荷运行。而随着现代化建筑技术的不断发展，以墙体、楼板为中心的预制设计标准化、构件生产工厂化和施工现场机械化得到普遍的采用，施工现场的电焊、对焊机及大型机械设备增多，再加上一些施工人员吃住都在施工现场，这些使施工场地的用电量大增，常常会造成过负荷用电。

以上情况极易导致临时电气线路多且布置不科学，有的甚至直接拖行使用，容易造成电线破损及短路。另外，因为是临时用电，一些施工现场用电系统没有经过正规的设计，甚至违反规定任意敷设电气线路，常常导致电气线路因接触不良、短路、过负荷、漏电、打火等引发火灾。

（4）建筑施工现场管理人员和作业人员的消防安全意识不强。建筑施工现场一部分人员缺乏基本的消防常识，安全意识不强。建筑工程管理人员一味追求工程进度，对消防安全管理工作不够重视，一些上岗的焊工、电工甚至未能取得相应的专业证书。在用火用电时，未按照有关规定办理审批手续。一旦出现火灾，一些不了解基本灭火知识与防火知识的临时人员无法应对和自救。

（5）建筑施工现场工程参建单位多，各方的消防安全责任较难落实。施工项目的建设涉及建设单位、勘察单位、总承包单位、分包单位、设计单位、监理单位、设备租赁及安装单位，各自的消防责任划分不明，尤其是个人的消防安全责任制度落实不明确，容易造成消防措施难落实，埋下火灾隐患。

（6）建筑工程的消防安全监管制度尚未全面建立，安全监督的方法存在缺陷。目前施工现场消防安全的监管部门仅有消防救援机构，一些施工单位为了应对消防安全检查，设置一些"面子工程"，起不到其实质性的作用。

（7）火灾应急预案不完善，缺乏有效的安全疏散演练。目前一些施工单位还没有制定出完善的企业内应急预案，一般没有与城市的应急机制联动，如果发生火灾事故，将得不到及时有效的控制，致使火灾蔓延、火势增大。另外，施工人员很少进行应急疏散演练，因而在火灾发生后人员不能及时撤离，造成人员伤亡。

（8）建筑工程的消防安全投入不足。施工承包单位和建设单位普遍存在消防安全意识不到位，为了节省生产成本从而缩减对消防资金的投入，导致施工过程中消防设施无法发挥其应有的作用。一些建筑单位与建筑企业重经济轻安全，施工现场的安全措施不到位，未能配备相应的消防设施；或是即使配备了消防设施，也没有对设施进行更新，导致存在许多过期的灭火器材无法正常使用，达不到应有的预防效果。同时，施工现场缺乏防火隔离设施，导致火势蔓延速度较快。大部分建筑施工现场的封闭性不佳，在极短时间内火势迅速蔓延，会带来大面积的火灾，使控制与灭火的难度大大增加。

（9）现场管理及施工过程受外部环境影响大。施工现场经常会因为抢工期、抢进度而进行冒险施工，甚至是违章施工，给施工现场的消防安全管理带来较大影响。另外，建设单位指定的施工分包单位不服从施工总承包单位的管理，分包单位层层分包的现象比比皆是，给施工现场的消防安全带来隐患。

3. 施工现场施工需求及物料方面存在火灾风险

（1）隔音、保温材料用量大。目前大型工程中保温、隔音及空调系统等工程使用保温材料的地方越来越多。保温材料的种类繁多，然而在隔音、保温效果较好的聚氨酯泡沫材料成为几次影响较大的火灾事故元凶后，工程上转而寻找耐火替代产品，如橡塑板、玻璃棉、岩棉、复合硅酸盐等。目前，市场上最具代表性的保温材料就是橡塑保温材料，它以丁腈橡胶、聚氯乙烯为主要原料，虽然具有一定的耐火性，但在一定条件下也可燃。

（2）临建设施多，防火标准低。为了施工需要，施工现场会临时搭设大量的作业棚、仓库、宿舍、办公室、厨房等临时用房。这些临时用房多数会使用耐火性能较差的金属夹芯板房（俗称"彩钢板房"），甚至有些施工现场还会采用可燃材料搭设临时用房。同时，因为施工现场面积相对狭小，临时用房往往没有达到应有的防火间距，一旦一处起火，火势很容易蔓延扩大。

（3）交叉动火作业多。施工现场会存在大量的电气焊、防水、切割等动火作业。这些动火作业使施工现场具备了燃烧产生的另一个必备条件——火源，一旦动火作业不慎，使火星引燃施工现场的可燃物，极易引发火灾。通常由于受到施工工期和施工条件的限制，在建筑施工过程中需要在狭小的空间内进行多工种、多班组的立体交叉作业，也在无形中增加了火灾发生的概率，在高层建筑中此类情况更加突出。另外，施工现场一旦缺乏统筹管理或失管漏管，形成立体交叉动火作业，甚至出现违章动火作业，所带来的后果及造成的损失便会难以估量。

（4）临时施工人员多，流动性强，素质参差不齐。一方面，由于建筑施工的工艺特点，各工序之间往往相互交叉、流水作业，施工人员常处于分散、流动状态，各作业工种之间相互交接，容易遗留火灾隐患。另一方面，施工现场外来人员较多，施工人员的素质参差不齐，给施工现场的安全管理带来不便，往往会因遗留的火种未被及时发现而酿成火灾。

（5）既有建筑进行扩建、改建的火灾危险性大。既有建筑进行扩建、改建施工一般是在建筑物正常使用的情况下开展作业，场地狭小，操作不便。有的建筑物隐蔽部位多，墙体、顶棚构造往往因缺乏图纸资料而存在隐患，如果用火、用电等管理不严，极易因火种落入房顶、夹壁、洞孔或通风管道的可燃保温材料中而埋下火灾隐患。

4. 施工现场其他方面的火灾风险

（1）火灾扑救难度大，人员疏散困难。在建工程的消防设施尚未建成，建筑消防设计中的火灾自动报警系统、自动灭火系统、室内外消火栓等设施不能发挥作用，对于初期的火情不能及时发现并将其扑灭。部分施工现场配置的灭火器数量不符合规范的要求，仅在宿舍、仓库、材料堆场内设置了少量的灭火器。对于高度超过24米的建筑设置的临时消防给水系统，其有效的覆盖范围较小，消防供水很难保障。临时消防给水系统裸露在外，容易被损坏，不能发挥有效的作用。消防通道有时被施工机械设备、建筑材料占用，妨碍消防车辆通行。这些都给火灾扑救增加了难度。

在建工程通常没有消防电梯，施工电梯不能用于人员疏散，没有合理的应急照明和疏散指示设施，楼地面预留洞口及堆积的障碍物众多。尤其在建的高层或地下建筑，由于一些特殊的情况，很难保证临时疏散通道和安全出口的数量及宽度，再加上没有排烟设施将浓烟及时排走，使火灾发生时能见度降低。这些影响因素可能导致在建工程施工人员疏散时间长、集中拥挤，容易发生二次灾害。

（2）防火分隔未实施完毕，火势蔓延迅速。施工期间，建筑内部尚未进行防火分隔，水平、垂直防火分区均未形成，整个空间处于连通状态。楼梯间、门窗洞、电梯井、各类管道井等均未封堵，空气水平、垂直流通迅速，烟囱效应明显，一旦发生火灾，火势容易在很短的时间内迅速蔓延扩大。

（3）功能区划分不明晰，火源、电源多。由于部分施工企业管理者的管理水平有限，致使很多施工现场的功能没有被进行明确的划分，对于用火作业区、仓库以及材料堆放区、生活区等区域划分不清晰。而施工现场的用火作业区和生活区的用火、用电比较频繁，特别是生活区人员密集，衣物、被子等可燃物较多，乱拉乱接电线现象突出，冬季时室内使用电暖器、电热毯等取暖，用电炉做饭等现象较多，极易造成火灾事故。

（4）疏散通道不通畅，易造成人员伤亡。虽然建筑设计中有疏散通道，但由于处于施工阶段，部分疏散通道可能尚未建成，部分疏散通道可能被各类材料等杂物堵塞，而一些施工现场未设置施工期间的疏散通道，一旦发生火灾，施工现场大量可燃物被引燃，室内的施工人员无法通过安全疏散通道疏散，极易造成人员伤亡。同时，由于内部通道不通畅，消防力量到场后，灭火救援人员难以进入建筑物内部开展灭火及人员施救。

（5）边施工边营业（使用），增大火灾危险性。部分改建、扩建、装修工程，出于经济效益和经营需求的考虑，存在边营业边施工或边使用边施工的现象，而且施工区域与营业区域没有进行有效的分隔。建筑物在营业使用期间，存在各类电气设备和火源，加大了施工工地的火灾危险性。若施工工地发生火灾，将会直接影响营业（使用）区域，极易造成重大财产损失和人员伤亡。

（二）施工现场的火情案例剖析

收集某地 2018～2023 年 29 起施工项目火情事故，按照事故类型、事故主要原因进行整理，如表 5-1 所示。

表 5-1　某地 2018～2023 年 29 起施工项目火情事故

序号	时间	火灾原因	事故主要原因	过火面积 /m²
1	2018.6.12	电气线路故障	电气线路老化	200
2	2018.6.25	电气线路故障	电焊施工引燃堵孔用的挤塑保温板	2
3	2019.1.2.	施焊作业引燃保温材料	电气线路老化	—
4	2019.5.29	电气线路故障	电焊火花引燃外墙防水挤塑保温板	200
5	2020.4.23	施焊作业引燃保温材料	住宿人员遗留火种	200
6	2020.9.7	遗留火种	塔吊驾驶室发生火灾	—
7	2020.9.11	机械起火	切割机割钢管，火星引燃可燃物	1
8	2020.9.21	遗留火种	施工人员遗留火种，点燃堆放木板	2
9	2020.12.9	遗留火种	遗留火种	20
10	2020.12.20	切割等动火作业引燃可燃物	气焊切割引燃周边可燃物	500
11	2021.1.28	遗留火种	住宿人员遗留火种	50
12	2021.1.29	电气线路故障	电气线路短路引发火情	85
13	2021.4.23	施焊作业引燃保温材料	焊接作业时焊渣掉落，引燃地下二层挤塑保温板	5
14	2021.4.27	切割等动火作业引燃可燃物	切割作业时火星掉落，引燃地面防尘网	2
15	2021.5.3	切割等动火作业引燃可燃物	使用喷灯进行防水作业，引燃可燃物	600
16	2021.5.7	施焊作业引燃保温材料	切割作业时火星掉落在模板凹槽	—
17	2021.5.9	电气线路故障	电气线路故障引起火情	50
18	2021.11.7	施焊作业引燃保温材料	焊渣坠落引燃可燃物	—
19	2021.12.5	切割等动火作业引燃可燃物	违规使用液化石油气，明火作业引燃可燃物	40

续表

序号	时间	火灾原因	事故主要原因	过火面积 /m²
20	2021.12.14	电气线路故障	电焊作业引燃装饰线条	2
21	2021.12.30	切割等动火作业引燃可燃物	气焊切割作业引燃周边可燃物	2
22	2022.1.26	电气线路故障	电气线路故障引爆室内可燃物	20
23	2022.5.11	施焊作业引燃保温材料	外墙保温材料起火	10
24	2023.1.6	切割等动火作业引燃可燃物	焊接作业焊渣引燃下方可燃物	30
25	2023.1.23	施焊作业引燃保温材料	焊渣掉落引燃外墙防护挤塑保温板	5
26	2023.3.12	施焊作业引燃保温材料	焊接作业时焊渣掉落，引燃地面挤塑保温板	5
27	2023.6.25	遗留火种	遗留火种引燃可燃物	10
28	2023.7.15	切割等动火作业引燃可燃物	电焊作业时，焊渣引燃衬垫板	2
29	2023.7.21	施焊作业引燃保温材料	焊接作业时，焊渣掉落引燃保温材料	10

表 5-1 中的在施项目火情事故原因可以分为以下 5 类。

1. 施焊作业引燃保温材料

在施工阶段，各类动火施焊作业是每个项目施工必有的施工环节，包括钢结构焊接、钢筋焊接、幕墙龙骨焊接、管道焊接等。在施焊过程中，施焊部位下方未采取防火措施或缺少看火人，如果火星下落，将发生引燃周围可燃物等状况。安全管理过程中的安全意识不足或缺乏严谨性，也是引起火情的重要因素，如动火审批制度的不健全、安全管理人员动态巡查不到位等。

2. 切割等动火作业引燃可燃物

施工现场的各类机具使用不当、气焊切割等动火作业违规操作则会引发火情，如切割机具在使用过程中未加防护罩、违规使用液化气进行动火作业、喷灯使用不当引燃可燃物、上下方未合理安排交叉作业等。这些主要由工人违规操作或安全管理人员的动态管理存在漏洞引起。

3. 电气线路故障

电气线路出现故障、电气线路老化是施工现场火情多发的重要原因之一。在施工程存在设施不完善的情况，临时设施及物品大多缺少保养及检修，加之使用过程中的损耗，致使电缆线路破损进而引发火情。

4. 遗留火种

此类现象多发于宿舍及人员聚集区域，引发火情的因素较多且复杂，主要包括烟头复燃、可燃物周围存在充电设备、用电设施在未使用情况下未断电等。人员离开，但遗留火种导致火灾事故，说明人员的消防意识松懈、麻痹。

5. 机械起火

施工机械起火与电气线路故障起火有相似之处，主要因机械老化、未及时保养或检修而导致施工机械在使用过程中发生火情。

从表5-1中可以看出，由施焊作业引燃保温材料（挤塑板）的火情事故占比最大，是在施项目中引起火情事故的主要因素。挤塑板是一种吸水率低、保温性能较好的节能保温材料。该材料施工工艺简单，广泛用于外墙保温、地下室防水保护层等部位；但是，挤塑板明显的缺点是阻燃防火性能较差，施工现场电气焊掉落的焊渣容易引起挤塑板冒黑烟乃至着火，释放大量有毒气体。

二、施工现场的总平面布局

（一）施工现场的总平面布局的一般规定

临时用房、临时设施的布置应满足现场防火、灭火及人员安全疏散的要求。应纳入施工现场总平面布局临时用房和临时设施的包括：①施工现场的出入口、围墙、围挡；②场内临时道路；③给水管网或管路和配电线路敷设或架设的走向、高度；④施工现场办公用房、宿舍、发电机房、变配电房、可燃材料库房、易燃易爆危险品库房、可燃材料堆场及其加工场、固定动火作业场等；⑤临时消防车道、消防救援场地和消防水源。

施工现场出入口的设置应满足消防车通行的要求，并宜布置在不同方向，其数量不宜少于2个。当确有困难只能设置1个出入口时，应在施工现场内设置满足消防车通行的环形道路。

施工现场临时办公、生活、生产、物料存储等不同功能区域宜相对独立布置，防火间距应符合规范。

固定动火作业场所应布置在可燃材料堆场及其加工场、易燃易爆危险品库房等全年最小频率风向的上风侧，并宜布置在临时办公用房、宿舍、可燃材料库房、在建工程等全年最小频率风向的上风侧。

易燃易爆危险品库房应远离明火作业区、人员密集区和建筑物相对集中区。

可燃材料堆场及其加工场、易燃易爆危险品库房不应布置在架空电力线下。

（二）防火间距

易燃易爆危险品库房与在建工程的防火间距不应小于15米，可燃材料堆场及其加工场、固定动火作业场与在建工程的防火间距不应小于10米，其他临时用房、临时设施与在建工程的防火间距不应小于6米。

施工现场主要临时用房、临时设施的防火间距不应小于表5-2中的规定，当办公用房、宿舍成组布置时，其防火间距可适当减小，但应符合下列规定：①每组临时用房的栋数不应超过10栋，组与组之间的防火间距不应小于8米；②组内临时用房之间的防火间距不应小于3.5米，当建筑构件燃烧性能等级为A级时，其防火间距可减少到3米。

表5-2　施工现场主要临时用房、临时设施的防火间距

场　所	办公用房、宿舍	发电机房、变配电房	可燃材料库房	厨房操作间、锅炉房	可燃材料堆场及其加工场	固定动火作业场	易燃易爆危险品库房
	防火间距 /m						
办公用房、宿舍	4	4	5	5	7	7	10
发电机房、变配电房	4	4	5	5	7	7	10
可燃材料库房	5	5	5	5	7	7	10
厨房操作间、锅炉房	5	5	5	5	7	7	10
可燃材料堆场及其加工场	7	7	7	7	7	10	10
固定动火作业场	7	7	7	7	10	10	12
易燃易爆危险品库房	10	10	10	10	10	12	12

注：（1）临时用房、临时设施的防火间距应按临时用房外墙外边线或堆场、作业场、作业棚边线间的最小距离计算，当临时用房外墙有突出可燃构件时，应从其突出可燃构件的外缘算起。

（2）2栋临时用房相邻较高一面的外墙为防火墙时，防火间距不限。

（3）本表未规定的，可按同等火灾危险性的临时用房、临时设施的防火间距确定。

（三）消防车道

1. 设置临时消防车道

施工现场内应设置临时消防车道。临时消防车道与在建工程、临时用房、可燃材料堆场及其加工场的距离不宜小于5米，且不宜大于40米；施工现场周边道路满足消防车通行及灭火救援要求时，施工现场内可不设置临时消防车道。

临时消防车道的设置应符合下列规定：①临时消防车道宜为环形，设置环形车道确有困难时，应在消防车道尽端设置尺寸不小于12米×12米的回车场；②临时消防车道的净宽度和净空高度均不应小于4米；③临时消防车道的右侧应设置消防车行进路线指示标识；④临时消防车道路基、路面及其下部设施应能承受消防车通行压力及工作荷载。

2. 设置环形临时消防车道

下列建筑应设置环形临时消防车道。设置环形临时消防车道确有困难时，除应按规定设置回车场外，还应按规定设置临时消防救援场地：①建筑高度大于24米的在建工程；②建筑工程单体占地面积大于3 000平方米的在建工程；③超过10栋，且成组布置的临时用房。

3. 设置临时消防救援场地

临时消防救援场地的设置应符合下列规定：①临时消防救援场地应在在建工程装饰装修阶段设

置；②临时消防救援场地应设置在成组布置的临时用房场地的长边一侧及在建工程的长边一侧；③临时救援场地宽度应满足消防车正常操作要求，且不应小于6米，与在建工程外脚手架的净距不宜小于2米，且不宜超过6米。

（四）临时消防策划和管理

1.临时消防策划

施工建筑项目的前期策划非常重要，临时消防策划要根据项目的实际情况和相关规范进行编制。策划方案考虑要周全，可操作性强。

（1）生活区的临时消防策划。生活区的布置要和生产区分开，尽量和办公区分开，单独进行管理。生活区一般都采用金属夹芯板进行搭设，夹芯板防火等级必须是A级，不得采用防火等级达不到要求的材料。临时板房一般搭设为2层，不得超过3层，一般不超过10间为宜。

当建筑面积超过200平方米或搭设3层时应设置2部疏散楼梯。如果生活区规模较大，1组不要超过10栋，组与组之间的距离一般要超过10米，栋与栋之间的距离一般为4米左右。

生活区的设置要尽量人性化，同时能满足工人的日常需求。生活区食堂单独设置，尽量不要使用液化气，同时也设置集中的煮饭区域，派专人进行管理。宿舍内采用低压电，空调采用单独的线路，同时上锁，防止工人私拉乱接。

生活区面积超过1000平方米的，要配备室外消防系统，要设置消防水箱、消防泵组、消火栓，管径不得小于100毫米，消防栓之间间距不得大于120米，同时配备黄沙箱、消防桶、消防铲、灭火器等消防器材。灭火器一般2个为1组，宿舍区每层布置2组，食堂等重点防火部位设置4组。疏散通道应设置应急照明，供电时间不少于1小时。

（2）办公区的临时消防策划。办公区的布置尽量和生活区、生产区分开。如果办公区紧靠生活区，要设置围墙或围栏，把办公区和生活区分开，以便于管理。办公区的室外消防系统可以和生活区共用消防水箱与消防泵组，只要配置消火栓和灭火器材就行。办公区由于人员相对较少，基本为项目管理人员，发生火灾的概率相对较小。

（3）生产区的临时消防策划。施工现场的防火措施较为烦琐，需要根据不同的施工区域、施工阶段精准动态调整火灾防控措施。施工现场采用封闭式管理，内部宜设置宽度不小于4米的临时环形消防车道。如果设置环形车道确有困难，应在消防车道尽端设置尺寸不小于12米×12米的回车场。在建工程单体体积大于10 000立方米时，应设置临时室外消防给水系统。如果施工工地在市政消火栓150米保护半径内且满足室外消防用水量要求时，可不设置。

室外消防系统水箱一般用钢板进行焊接制作，水箱大小一般为10平方米左右。水箱位置尽量靠近场地中间位置，缩短临时消防布管的长度。在浇筑临时道路时要预埋套管，防止后期开槽布管。消防水池也可以和雨水回收系统结合起来，满足绿色施工节水的相关要求。消防泵一般为"一用一备"，1个泵的功率一般在20千瓦左右。室外临时消防管网管径不小于100毫米，可以采用钢管和塑料管等材料，布管时和现场临时用电、临时用水综合布管。消火栓一般每隔120米设置1个，靠近消防通道，设置消火栓位置的地面要进行硬化处理，消火栓牢固安放。

建筑高度超过24米或单体建筑面积超过30 000平方米时应设置室内消防系统，水箱和泵组可以和室外消防系统合用，但水压要满足要求。楼层消防竖管设置2根直径100毫米的无缝钢管或塑料管，每层设置消火栓接口和消防软管接口，楼梯位置设置消防水枪、水带及软管。

室内临时消防系统可以和建筑物正式消防管网结合起来，正式消防主管随着主体结构同步施工，做到永临结合，降低成本。一般利用楼梯作为建筑物的消防通道。楼梯应保持通畅，一层位置设置安全消防通道，可以采用定型化防护棚。施工现场的油漆仓库、木工棚、氧气和乙炔放置区等作为防火重点区域，配备相应数量的灭火器材，严禁烟火，同时定期进行检查。总配电房内应设置灭火器材和应急照明。

2. 临时消防管理

（1）消防责任制和消防救援。项目部应明确消防组织架构，明确相关责任人和分工情况，同时制定相应的消防安全管理制度。项目技术负责人编制临时消防专项方案，对相关消防责任人进行交底，明确本项目临时消防的管理要点和注意事项。对于作业班组，不仅要签订安全协议，还要签订消防管理协议。如果施工场地较大，作业班组较多，可以根据各班组施工段的划分情况，明确各班组的消防责任分区，责任到人，同时要遵守相关的消防管理制度。项目部要定期举行消防演练和应急救援。消防演练的目的主要是让灭火人正确使用灭火器、消防铲等灭火器材；应急救援演练的目的主要是让相关责任人按照救援程序进行操作，同时了解一些实用的急救常识。在施工现场醒目位置张贴消防疏散线路，同时对疏散线路经常进行检查，不能将材料堆放在疏散通道中。

（2）易燃材料管理。施工现场发生火灾，很多情况是因为材料的燃烧性能不符合要求。不同类型的外脚手架的密目安全网燃烧性能差别较大，要严格控制原材料。外脚手架尽量不使用竹笆片，一般采用钢笆片，这样周转次数增加，同时能够起到防火作用。施工现场的保温板也易引起火灾，市面上购买的保温材料的燃烧性能一定要符合要求，对于每车进场的保温材料都要现场抽查燃烧性，不符合要求的退场并采取相应的处罚。对于施工现场的防水卷材、油漆等易燃材料，应派专人进行消防管理，严禁烟火。堆放材料的仓库和其他物品分开堆放，配备相应的灭火器材，专人上锁管理，定期进行检查。木工加工棚的木屑要经常清理，不能堆积，以防引起火灾。

（3）动火作业管理。施工现场最常规的动火作业就是电焊施工，特别是装修和安装工程使用频率较高。电焊作业人员要持证上岗，每次电焊作业前到项目部开取动火证，明确动火部位、动火时间、防火措施、防火责任人等情况，经安全部门同意后方可进行作业。电焊工人应正确佩戴防护用品，必要时设置接火斗，同时要注意当天风向和周边环境，以防火花四溅，引燃周边易燃物导致火灾。

（4）吸烟管理。可以在场地上空旷位置设置吸烟亭，同时配备相应的灭火器材，在楼层内严禁吸烟。对木工棚、油漆仓库、易燃易爆区、配电房、密闭空间、装修作业区等消防重点部位严格把控，张贴醒目的禁止吸烟标志，有条件的可以安装摄像头进行监控。项目部对施工现场违规吸烟的行为要采取相应的措施，制定规章制度。

（5）生活区管理。建筑工地生活区用电不规范极易引起火灾。在前期策划过程中，宿舍区尽量采用低压电，从源头上禁止违章用电，但要考虑正常生活需要，如在生活区设置集中烧饭区、洗浴区、开水房等。白天可采取生活区断电制度来防止火灾，晚上可以在生活区安装消防报警系统，一旦有明火会自动报警。

三、施工现场内建筑的防火要求

（一）施工现场内建筑防火的一般规定

施工现场内建筑防火的一般规定包括：①临时用房和在建工程应采取可靠的防火分隔和安全疏散等防火技术措施；②临时用房的防火设计应根据其使用性质及火灾危险性等情况进行确定；③在建工程防火设计应根据施工性质、建筑高度、建筑规模及结构特点等情况进行确定。

（二）施工现场内建筑防火的具体规定

1. 临时用房防火

（1）宿舍、办公用房的防火设计应符合下列规定：①建筑构件的燃烧性能等级应为 A 级，当临时用房是金属夹芯板房时，其芯材的燃烧性能等级应为 A 级，材料的燃烧性能要按照现行国家标准《建筑材料及制品燃烧性能分级》，由具有相应资质的检测机构进行检测，并出具合格的检测报告；②建筑层数不应超过 3 层，每层建筑面积不应大于 300 平方米；③层数为 3 层或每层建筑面积大于 200 平方米时，应设置至少 2 部疏散楼梯，房间疏散门至疏散楼梯的最大距离不应大于 25 米；④单面布置用房时，疏散走道的净宽度不应小于 1.0 米，双面布置用房时，疏散走道的净宽度不应小于 1.5 米；⑤疏散楼梯的净宽度不应小于疏散走道的净宽度；⑥宿舍房间的建筑面积不应大于 30 平方米，其他房间的建筑面积不宜大于 100 平方米；⑦房间内任一点至最近疏散门的距离不应大于 15 米，房门的净宽度不应小于 0.8 米，房间建筑面积超过 50 平方米时，房门的净宽度不应小于 1.2 米；⑧隔墙应从楼地面基层隔断至顶板基层底面。

（2）发电机房、变配电房、厨房操作间、锅炉房、可燃材料库房及易燃易爆危险品库房的防火设计应符合下列规定：①建筑构件的燃烧性能等级应为 A 级；②层数应为 1 层，建筑面积不应大于 200 平方米；③可燃材料库房单个房间的建筑面积不应超过 30 平方米，易燃易爆危险品库房单个房间的建筑面积不应超过 20 平方米；④房间内任一点至最近疏散门的距离不应大于 10 米，房门的净宽度不应小于 0.8 米。

（3）其他防火设计应符合下列规定：①宿舍、办公用房不应与厨房操作间、锅炉房、变配电房等组合建造；②会议室、文化娱乐室等人员密集的房间应设置在临时用房的第一层，其疏散门应向疏散方向开启。

2. 在建工程防火

在建工程作业场所的临时疏散通道应采用不燃、难燃材料建造，并应与在建工程结构施工同步设置，也可利用在建工程施工完毕的水平结构、楼梯。

（1）在建工程作业场所临时疏散通道的设置应符合下列规定：①在建工程作业场所的临时疏散

通道应采用不燃、难燃材料建造并与在建工程结构施工同步设置，临时疏散通道应具备与疏散要求相匹配的耐火性能，其耐火极限不应低于 0.5 小时；②设置在地面上的临时疏散通道，其净宽度不应小于 1.5 米，利用在建工程施工完毕的水平结构、楼梯作临时疏散通道时，其净宽度不宜小于 1.0 米，用于疏散的爬梯及设置在脚手架上的临时疏散通道，其净宽度不应小于 0.6 米；③为坡道且坡度大于 25 度时，应修建楼梯或台阶踏步或设置防滑条；④不宜使用爬梯，确需使用时，应采取可靠、固定的措施；⑤侧面为临空面时，应沿临空面设置高度不小于 1.2 米的防护栏杆；⑥设置在脚手架上时，脚手架应采用不燃材料搭设；⑦应设置明显的疏散指示标识；⑧应设置照明设施。

（2）既有建筑进行扩建、改建施工时，必须明确划分施工区和非施工区。施工区不得营业、使用和居住。非施工区继续营业、使用和居住时，应符合下列规定：①施工区和非施工区之间应采用不开设门、窗、洞口的耐火极限不低于 3 小时的不燃烧体隔墙进行防火分隔；②非施工区内的消防设施应完好和有效，疏散通道应保持畅通，并应落实日常值班及消防安全管理制度；③施工区的消防安全应配有专人值守，发生火情应能立即处置；④施工单位应向居住和使用者进行消防宣传教育，告知建筑消防设施、疏散通道的位置及使用方法，同时应组织疏散演练；⑤外脚手架搭设不应影响安全疏散、消防车正常通行及灭火救援操作，外脚手架搭设长度不应超过该建筑物外立面周长的 1/2。

（3）外脚手架、支模架的架体宜采用不燃或难燃材料搭设，高层建筑、既有建筑改造工程的外脚手架、支模架的架体应采用不燃材料搭设。

（4）下列安全防护网应采用阻燃型安全防护网：①高层建筑外脚手架的安全防护网；②既有建筑外墙改造时，其外脚手架的安全防护网；③临时疏散通道的安全防护网。

（5）作业场所应设置明显的疏散指示标识，其指示方向应指向最近的临时疏散通道入口。作业层的醒目位置应设置安全疏散示意图。

3. 彩钢板建筑防火

彩钢板是一种带有有机涂层的彩涂钢板。其涂层是冷轧钢板、镀锌钢板，进行表面化学处理后涂敷（辊涂）或复合有机薄膜（PVC 膜等），再经烘烤固化而制成的产品。其夹芯材料分为聚苯乙烯泡沫、硬质聚氨酯泡沫、岩棉纸蜂窝、玻璃棉。目前，市场上使用较多的夹芯为聚苯乙烯泡沫及硬质聚氨酯泡沫的彩钢板。夹芯彩钢板具有不透水、防腐、保温、隔热、不吸水、隔音好等性能。

彩钢板建筑内部空间较大，容易分隔，可燃物多，一旦发生火灾，极易将加芯材料引燃，形成空腔，消防人员很难对夹芯彩钢板建筑进行有效扑救，火灾蔓延迅速，建筑物极易发生坍塌，燃烧过程中产生的烟气极为致命，易造成群死群伤。

夹芯彩钢板的芯材应优先选用燃烧性能为 A 级的保温隔热材料，不得选用燃烧性能低于 B2 级的保温隔热材料；当采用 B1 级、B2 级保温材料时，应采用阻燃处理措施。在建筑中，夹芯彩钢板的芯材应大力推行具有阻燃性质的 A 级燃烧性能的芯材，如岩棉、玻璃棉等芯材；全面禁止使用聚氨酯、聚苯乙烯等泡沫彩钢板。作为建筑构件使用时，彩钢板的芯材应达到相应的燃烧性能要求，并且彩钢板的基板也需进行防火处理，以达到相应的耐火极限要求。当彩钢板作为二级耐火等级厂房的房间隔墙时，要求其芯材燃烧性能为 A 级，基板进行防火处理后，耐火极限不得低于 0.5 小时；作为疏散走道两侧的隔墙时，耐火极限不得低于1.0小时。

（三）施工现场内的防火对策

1. 健全建设工程施工现场各方的责任机制

建设单位应当与施工单位在订立的合同中明确各方对施工现场的消防安全责任。建筑工地施工人员多，往往几个部门都在一个工地施工，管理难度大。因此，必须认真贯彻"谁主管，谁负责"的原则，明确安全责任，逐级签订安全责任书，充分发挥各施工单位、各部门的作用，确保安全施工。

2. 切实加强建筑工地临时性建筑用房的管理

施工工人宿舍、仓库、办公用房、厨房是建筑工地的重点管理区域，应采取以下措施：一是施工工人使用的开关、插座、灯具等必须是符合国家标准的产品，每间宿舍应单独安装限电自动控制器，严禁工人在宿舍内使用大功率生活电器和明火灶具；二是厨房、可燃及易燃易爆物品库房不得使用彩钢板结构；三是各参建单位各出一部分人组成保安队进行不定时巡查，加强日常的防火管理工作。

3. 各部门联合督查，各建设单位、施工单位积极配合

住建部门、消防救援机构、安监部门、质检部门等相关单位联合督查建筑工地临时性建筑用房的使用情况，同时进行技术服务指导。督促建设单位选用质量优良、性能可靠的彩钢板，严格审查所使用的彩钢板建筑的相关准入手续。对使用防火性能不符合国家标准或行业标准的建筑构件的违法行为，要依法进行处罚并督促单位自行整改。

施工现场有临时性用房的建设单位及施工单位应提前到消防救援机构进行相关的备案登记，主要针对搭建的临时用房是否符合建设工程施工现场消防技术规范，施工工人的宿舍、厨房是否使用液化气，仓库是否储存易燃材料等进行备案登记，以便消防救援机构能及时掌握临时性用房的基本情况，避免在开工前擅自搭建不符合防火要求的施工现场临时用房。

4. 切实加强施工现场在建工地作业场所的消防安全管理

（1）对于在建工地施工现场，实行"三个严禁"，即严禁边施工、边营业，严禁使用可燃防护网，严禁未将居民临时迁移出建筑物而实施动火作业。

（2）消防通道安全出口畅通，设置明显的疏散指示标识和应急照明，配备相应的消防设施。

（3）将施工作业区与生活区严格分开，有隔离和安全防护措施，不得在施工建筑物中设置生活区。

5. 加强建筑工地工人的消防安全培训

（1）组织相关施工工人进行消防安全培训，施工工人大多数是外来务工人员，流动快且很多没有经过专门的安全培训，缺乏防火灭火常识和自救逃生能力。经过培训，逐步促使施工工人熟知基本的消防常识，会报火警、会疏散逃生、会使用灭火器材、会扑救初期火灾。同时，促使消防管理逐步向规范化、科学化转变。

（2）大力开展消防安全疏散演练活动，不断提高工人的消防安全意识，提高自防自救、安全疏散的能力。

（3）特别要加强对电焊、气焊作业人员的消防安全培训，必须持证上岗。

总之，只有建设单位、施工单位、监理单位和既有建筑物管理单位通力协作，施工现场消防安全管理到位、消防安全技术措施到位，才能最大限度地避免火灾事故的发生。

四、施工现场临时消防设施的设置

（一）施工现场临时消防设施设置的一般规定

施工现场临时消防设施设置的一般规定包括：①施工现场应设置灭火器、临时消防给水系统和应急照明等临时消防设施；②临时消防设施应与在建工程的施工同步设置，房屋建筑工程中，临时消防设施的设置与在建工程主体结构施工进度的差距不应超过3层；③在建工程可利用已具备使用条件的永久性消防设施作为临时消防设施，当永久性消防设施无法满足使用要求时，应增设临时消防设施，并应符合有关规定；④施工现场的消火栓泵应采用专用消防配电线路，专用消防配电线路应自施工现场总配电箱的总断路器上端接入，且应保持不间断供电；⑤地下工程的施工作业场所宜配备防毒面具；⑥临时消防给水系统的储水池、消火栓泵、室内消防竖管及水泵接合器等应设置醒目标识。

（二）灭火器

在建工程及临时用房的下列场所应配置灭火器：①易燃易爆危险品存放及使用场所；②动火作业场所；③可燃材料存放、加工及使用场所；④厨房操作间、锅炉房、发电机房、变配电房、设备用房、办公用房、宿舍等临时用房；⑤其他具有火灾危险的场所。

施工现场灭火器配置应符合下列规定：①灭火器的类型应与配备场所可能发生的火灾类型相匹配；②灭火器的最低配置标准应符合表5-3中的规定；③灭火器的配置数量应按现行国家相关标准中的有关规定经计算确定，且每个场所的灭火器数量不应少于2具；④灭火器的最大保护距离应符合表5-4中的规定。

表5-3　灭火器的最低配置标准

项 目	固体物质火灾		液体或可熔化固体物质火灾、气体火灾	
	单具灭火器最小灭火级别	单位灭火级别最大保护面积 /m²·A⁻¹	单具灭火器最小灭火级别	单位灭火级别最大保护面积 /m²·B⁻¹
易燃易爆危险品存放及使用场所	3A	50	89B	0.5
固定动火作业场	3A	50	89B	0.5
临时动火作业点	2A	50	55B	0.5
可燃材料存放、加工及使用场所	2A	75	55B	1.0
厨房操作间、锅炉房	2A	75	55B	1.0
自备发电机房、变配电房	2A	75	55B	1.0
办公用房、宿舍	1A	100		

表5-4　灭火器的最大保护距离　　　　　　　　　　　　　　　　单位：米

灭火器配置场所	固体物质火灾	液体或可熔化固体物质火灾、气体火灾
易燃易爆危险品存放及使用场所	15	9
固定动火作业场	15	9
临时动火作业点	10	6
可燃材料存放、加工及使用场所	20	12
厨房操作间、锅炉房	20	12
自备发电机房、变配电房	20	12
办公用房、宿舍等	25	

（三）临时消防给水系统

施工现场或其附近应设置稳定、可靠的水源，并应能满足施工现场临时消防用水的需要。消防水源可采用市政给水管网或天然水源。当采用天然水源时，应采取确保冰冻季节、枯水期最低水位时顺利取水的措施，并应满足临时消防用水量的要求。

临时消防用水量应为临时室外消防用水量与临时室内消防用水量之和。临时室外消防用水量应按临时用房和在建工程的临时室外消防用水量的较大者确定，施工现场火灾次数可按同时发生1次确定。临时用房建筑面积之和大于1 000平方米或在建工程单体体积大于10 000立方米时，应设置临时室外消防给水系统。当施工现场处于市政消火栓150米保护范围内，且市政消火栓的数量满足室外消防用水量要求时，可不设置临时室外消防给水系统。

临时用房的临时室外消防用水量不应小于表5-5中的规定，在建工程的临时室外消防用水量不应小于表5-6中的规定。

表5-5　临时用房的临时室外消防用水量

临时用房的建筑面积之和	火灾延续时间 /h	消火栓用水量 /L·s⁻¹	每支水枪最小流量 /L·s⁻¹
1 000 m²< 面积 ≤ 5 000 m²	1	10	5
面积 >5 000 m²		15	5

表5-6　在建工程的临时室外消防用水量

在建工程（单体）体积	火灾延续时间 /h	消火栓用水量 /L·s⁻¹	每支水枪最小流量 /L·s⁻¹
10 000 m³< 体积 ≤ 30 000 m³	1	15	5
体积 >30 000 m³	2	20	5

施工现场临时室外消防给水系统的设置应符合下列规定：①给水管网宜布置成环状；②临时室外消防给水干管的管径，应根据施工现场临时消防用水量和管内水流计算速度计算确定，且直径尺寸

不应小于100毫米（即DN 100）；③室外消火栓应沿在建工程、临时用房和可燃材料堆场及其加工场均匀布置，与在建工程、临时用房和可燃材料堆场及其加工场的外边线的距离不应小于5米；④消火栓的间距不应大于120米；⑤消火栓的最大保护半径不应大于150米。

建筑高度大于24米或单体体积超过30 000立方米的在建工程，应设置临时室内消防给水系统。在建工程的临时室内消防用水量不应小于表5-7中的规定。

表 5-7　在建工程的临时室内消防用水量

建筑高度、在建工程体积（单体）	火灾延续时间 /h	消火栓用水量 /L·s⁻¹	每支水枪最小流量 /L·s⁻¹
24 m< 建筑高度 ≤ 50 m 或 30 000 m³< 体积 ≤ 50 000 m³	1	10	5
建筑高度 >50 m 或体积 >50 000 m³	1	15	5

在建工程临时室内消防竖管的设置应符合下列规定：①消防竖管的设置位置应便于消防人员操作，其数量不应少于2根，当结构封顶时，应将消防竖管设置成环状；②消防竖管的管径应根据在建工程临时消防用水量、竖管内水流计算速度计算确定，且不应小于DN 100。

设置室内消防给水系统的在建工程，应设置消防水泵接合器。消防水泵接合器应设置在室外便于消防车取水的部位，与室外消火栓或消防水池取水口的距离宜为15～40米。

设置临时室内消防给水系统的在建工程，各结构层均应设置室内消火栓接口及消防软管接口，并应符合下列规定：①消火栓接口及软管接口应设置在位置明显且易于操作的部位；②消火栓接口的前端应设置截止阀；③消火栓接口或软管接口的间距，多层建筑不应大于50米，高层建筑不应大于30米。

在建工程结构施工完毕的每层楼梯处应设置消防水枪、水带及软管，且每个设置点不应少于2套。高度超过100米的在建工程，应在适当楼层增设临时中转水池及加压水泵。中转水池的有效容积不应少于10立方米，上、下2个中转水池的高差不宜超过100米。

临时消防给水系统的给水压力应满足消防水枪充实水柱长度不小于10米的要求；给水压力不能满足要求时，应设置消火栓泵，消火栓泵不应少于2台，且应互为备用；消火栓泵宜设置自动启动装置。

当外部消防水源不能满足施工现场的临时消防用水量要求时，应在施工现场设置临时储水池。临时储水池宜设置在便于消防车取水的部位，其有效容积不应小于施工现场火灾延续时间内1次灭火的全部消防用水量。

施工现场临时消防给水系统应与施工现场生产、生活给水系统合并设置，但应设置将生产、生活用水转为消防用水的应急阀门。应急阀门不应超过2个，且应设置在易于操作的场所，并应设置明显标识。

严寒和寒冷地区的现场临时消防给水系统应采取防冻措施。

（四）应急照明

施工现场的下列场所应配备临时应急照明：①自备发电机房及变配电房；②水泵房；③无天然采光的作业场所及疏散通道；④高度超过100米的在建工程的室内疏散通道；⑤发生火灾时仍需坚持工作的其他场所。

作业场所应急照明的照度不应低于正常工作所需照度的90%，疏散通道的照度值不应小于0.5勒克斯。

临时消防应急照明灯具宜选用自备电源的应急照明灯具，自备电源的连续供电时间不应小于60分钟。

（五）智慧消防

目前，部分施工现场消防基础设施薄弱，活动板房、加工区、库房等重点区域缺乏有效的火灾报警监控设备，且施工现场消防设施人工监督检查难度大，无法掌握消防设施状况。当施工现场发生火灾时，不能及时报警、消防水池缺水、消火栓水压不足、灭火器丢失等情况时有发生。智慧消防是最新的消防设计概念，该系统的搭建可以为以上问题提供可行的、有效的解决方案。

微课：智慧消防

智慧消防系统架构包括4部分：感知层、传输层、信息处理层和应用层。

1. 感知层

施工现场线缆敷设困难，场地时常迁移变化，末端设备需要经常移动、增减等，智慧消防系统采用无线传输方式，安装便捷，拆改容易，设备重复利用率高，完美适应施工现场所面临的施工难、整改频繁的特殊环境。

（1）火灾报警。施工现场环境特殊，往往不能及时发现火灾，被动等待人工电话报警，错过救火最佳时间，加大火灾损失。在活动板房、加工区、库房等场所，可设置感烟/感温探测器、手动报警按钮、声光报警器等；在重要场所、空旷区域，可设置视频监控，实现重点部位可视化管理。在监控中心及平台实时显示报警设备位置及状态，及时发现故障设备并进行维修或更换，保证系统正常运行的可持续性；及时发现火灾，避免人工报警造成延误，导致小火引起大灾。

（2）消防设施监测。智慧消防系统能实现对施工现场消防设施的实时监测，保证消防设施处于正常状态，为火灾的及时扑灭提供保障。智慧消防，是通过在管道、水泵房安装传感器，及时感知和控制消防设施状态，如对进水总管压力、消火栓管网的压力和消防水泵的电源状态、手自动状态、启动/停止状态进行实时监测，并显示异常报警等；通过在消防栓栓口安装智能传感器和在消防水池中安装液位传感器，实时了解消防栓水压和水池液位状态，保证火灾发生时及时采集水源；在移动灭火装置上安装定位传感器，保证灭火装置在正确的位置，并在地图上实时显示，方便发生火灾时快速准确地寻找灭火装置。

（3）消防巡检。消防巡检人员通过数据采集设备或App，采集相应的消防巡检信号，并记录火灾危险源、故障、火警的报警及处理情况。通过生成巡检记录，对不符合规范的地方（如应设置灭火装置的未设置、疏散通道被堵塞等）及时推送信息至相关人员和部门。上级主管、相关人员都可以通

过设备或 App 查看消防报警信息处理人、现场情况描述、处理时间、处理结果等，起到有效的监督作用，提高施工现场的消防安全监管能力。

2. 传输层

传输层作为感知层和信息处理层的中间枢纽，将感知层得到的各种数据传递到信息处理层。在施工现场适当位置设置物联网模块、物联网网关（信息传输装置），主要采用无线传输方式，通过 LoRa（远距离、低功耗的无线通信技术）、NB-LoT（低功耗、广覆盖的蜂窝物联网技术）、蓝牙等协议将数据传输至云平台。

危险品等情况不明，会造成火灾救援处于被动。物联网模块、物联网网关有定位感知、定位基站的功能，能实时监测消防设施的位置，火灾发生时，可在第一时间调取记录，了解楼层、位置等关键信息，并随时调取监控查看现场情况。如果施工人员、救援人员佩戴定位传感器，可实现对人员数量、位置的实时监测，提高指挥救援的效率。

3. 信息处理层

依托现代消防设备及现代科学技术手段，智慧消防信息处理层采用云平台的方式，利用云计算、大数据等技术对传输层传递过来的数据进行加工处理，实现对消防设施、器材、人员等状态进行智能化感知、识别、定位与跟踪，实时、动态、互动、融合的消防信息采集、传递和处理。云平台可以提供数据库、短信、Web 等各种服务功能。通过信息处理、数据挖掘和态势分析，为防火监督管理和灭火救援提供信息支撑，提高消防监督与管理水平，增强消防灭火救援能力。

4. 应用层

目前，施工现场的消防安全管理主要通过人工巡检方式，管理的好坏完全取决于现场监管人员的经验。智慧消防可在施工现场设置临时消防控制中心，通过工作站、电子地图，值班人员可实时监管消防设备的状态、位置，使施工现场消防安全管理变得智慧化、"看得见"；可配置本地数据存储服务器，对项目报警信息进行长期存储；也可通过手机 App 实时查看项目消防设施情况，提供报警显示、维保检测、任务预览、任务执行等各种应用体验，推送消防安全知识，增强消防安全意识；可通过手机短信将火灾报警信息第一时间通知相关人员，及时组织实施应急救援，保证第一灭火应急力量、第二灭火应急力量及时有效，达到灭火、控火的目的；同时，可通过大数据分析预测施工现场消防安全管理的薄弱环节，实现重点部位重点管理。

智慧消防系统对施工现场环境有很好的适应性，能解决施工现场消防安全管理所面临的诸多问题，是建筑施工阶段消防安全管理的智慧化助手，是智慧工地概念的重要组成部分，将在未来的施工现场逐渐变成必要的系统之一。

五、施工现场内部电气的防火管理

（一）施工现场内部电气防火管理的一般规定

施工现场的消防安全管理应由施工单位负责。实行施工总承包时，应由总承包单位负责。分包单位应向总承包单位负责，并应服从总承包单位的管理，同时应承担国家法律、法规规定的消防责任和义务。监理单位应对施工现场的消防安全管理实施监理。

施工单位应根据建设项目规模、现场消防安全管理的重点，在施工现场建立消防安全管理组织机构及义务消防组织，并应确定消防安全负责人和消防安全管理人员，同时应落实相关人员的消防安全管理责任。

施工单位应针对施工现场可能导致火灾发生的施工作业及其他活动，制定消防安全管理制度。消防安全管理制度应包括下列主要内容：①消防安全教育与培训制度；②可燃及易燃易爆危险品管理制度；③用火、用电、用气管理制度；④消防安全检查制度；⑤应急预案演练制度。

施工单位应编制施工现场防火技术方案，并应根据现场情况变化及时对其修改、完善。防火技术方案应包括下列主要内容：①施工现场重大火灾危险源辨识；②施工现场防火技术措施；③临时消防设施、临时疏散设施配备；④临时消防设施和消防警示标识布置图。

施工单位应编制施工现场灭火及应急疏散预案。灭火及应急疏散预案应包括下列主要内容：①应急灭火处置机构及各级人员应急处置职责；②报警、接警处置的程序和通信联络的方式；③扑救初起火灾的程序和措施；④应急疏散及救援的程序和措施。

施工人员进场时，施工现场的消防安全管理人员应向施工人员进行消防安全教育和培训。消防安全教育和培训应包括下列内容：①施工现场的消防安全管理制度、防火技术方案、灭火及应急疏散预案的主要内容；②施工现场临时消防设施的性能及使用、维护方法；③扑灭初起火灾及自救逃生的知识和技能；④报警、接警的程序和方法。

施工作业前，施工现场的施工管理人员应向作业人员进行消防安全技术交底。消防安全技术交底应包括下列主要内容：①施工过程中可能发生火灾的部位或环节；②施工过程应采取的防火措施及应配备的临时消防设施；③初起火灾的扑救方法及注意事项；④逃生方法及路线。

施工过程中，施工现场的消防安全负责人应定期组织消防安全管理人员对施工现场的消防安全进行检查。消防安全检查应包括下列主要内容：①可燃物及易燃易爆危险品的管理是否落实；②动火作业的防火措施是否落实；③用火、用电、用气是否存在违章操作，电、气焊及保温防水施工是否执行操作规程；④临时消防设施是否完好有效；⑤临时消防车道及临时疏散设施是否畅通。

施工单位应依据灭火及应急疏散预案，定期开展灭火及应急疏散的演练。施工单位应做好并保存施工现场消防安全管理的相关文件和记录，并应建立现场消防安全管理档案。

（二）爆炸危险场所电气设备的防火管理

1. 在设备选型方面存在的防爆安全隐患

在设备选型方面存在的防爆安全隐患包括：①在爆炸危险场所选用普通电气产品；②在工厂用场所选用煤矿井下用电气设备；③在爆炸性粉尘环境选用气体环境用防爆电气设备；④从产品外观结构上看，貌似是防爆产品，但这些产品是既无产品名牌，又无防爆标志和产品认证信息，同时又不能提供产品的防爆合格证书的"三无产品"；⑤从产品外观结构上看，疑似防爆产品，但这些产品的名牌中仅有"EX"通用标识和防爆标志，没有产品认证信息，无法查询确认该产品是否经过国家授权的检测机构的检验认证；⑥经专业检测人员判定为普通产品，却打有防爆信息铭牌的假冒伪劣产品；

⑦在具有ⅡC类物质的危险场所，选用ⅡB类防爆产品；⑧设备选型要求为T4温度组别，实际选用温度组别为T1的防爆产品。

> **知识链接**：防爆设备是指在规定条件下不会引起周围爆炸性环境点燃的电气设备。
>
> 1.防爆设备的分类
>
> 防爆设备可分为Ⅰ类和Ⅱ类。Ⅰ类是煤矿井下电气设备，Ⅱ类是除煤矿、井下之外的所有其他爆炸性气体环境用电气设备。
>
> 具体来说，Ⅱ类的区分是根据设备对可燃气体的爆炸性质的防护能力而定的。ⅡA类适用于窒息和窒息的非致命性气体环境，ⅡB类适用于乙烷和收缩的非致命性气体环境，ⅡC类适用于丙烷和相似的非致命性气体环境。ⅡB类的设备可适用于ⅡA类设备的使用条件，ⅡC类的设备可适用于ⅡA、ⅡB类的使用条件。
>
> 2.防爆电气设备的温度分组
>
> 防爆电气设备按其最高表面温度不同，分为6个组别：T1～T6，最高表面温度<85 ℃时，定为T6组别；85 ℃≤最高表面温度<100 ℃时，定为T5组别；100 ℃≤最高表面温度<135 ℃时，定为T4组别；135 ℃≤最高表面温度<200 ℃时，定为T3组别；200 ℃≤最高表面温度<300 ℃时，定为T2组别；300 ℃≤最高表面温度<450 ℃时，定为T1组别。标志T6的防爆电气设备表面温度最低，标志T1的防爆电气设备表面温度最高。

2. 防爆电气产品本身存在的安全隐患

防爆电气产品本身存在的安全隐患包括：①防爆电气产品外壳破损；②防爆电气产品的铭牌缺失或模糊不清；③防爆增安复合型产品的隔爆腔和接线腔的隔离密封填料不符合要求。

3. 电气设备安装方面存在的防爆安全隐患

电气设备安装方面存在的防爆安全隐患包括：①电缆引入不符合要求；②多余进线孔用胶泥封堵／用塑料封堵件封堵／未封堵；③紧固螺栓不一致，缺失，松动，锈蚀，缺少弹簧垫圈、平垫圈；④隔爆型电气设备电缆或导线引入口与钢管直接连接；⑤挠性管直接与设备相连，未安装电缆引入装置；⑥隔爆型设备安装的电缆引入装置与防爆型不符；⑦隔爆型设备的隔爆接合面间隙过大；⑧隔爆接合面锈蚀；⑨盖与箱体之间的隔爆接合面处涂敷物或加有衬垫；⑩独立隔爆腔之间相互导通，无隔离密封措施；⑪隔爆接合面与固体障碍物之间的距离偏小；⑫箱体老化或密封衬垫老化，缝隙变大导致防护等级达不到要求，内部进水；⑬增安型设备未经批准自行更换或添加了电气元件；⑭防爆挠性管的弯曲度过小，挠性管老化，橡胶护层破损。

4. 电缆线路敷设存在的问题

电缆线路敷设存在的问题包括：①电缆线变化、破损；②电缆线在危险场所直接连接；③导线在增安型接线内绞接；④在穿线盒内接线；⑤电缆穿过不同区域时未采取隔离密封措施；⑥铠装电缆未配备铠装电缆引入装置；⑦铠装电缆铠装层外露；⑧闲置电缆线头在危险场所处置，多余裸铜导线未经固定或绝缘处理，随意放置在增安型接线箱内。

5. 接地及等电位连接问题

接地及等电位连接问题包括：①外接地线未连接；②外接地线串联，电缆桥架和液体输送管道等电位连接问题；③外接地线小于4平方毫米；④外接地螺栓锈蚀。

（三）建筑消防用电

施工现场消防用电应符合下列规定：①施工现场供用电设施的设计、施工、运行和维护应符合现行国家标准的有关规定；②电气线路应具有相应的绝缘强度和机械强度，严禁使用绝缘老化或失去绝缘性能的电气线路，严禁在电气线路上悬挂物品，破损、烧焦的插座、插头应及时更换；③电气设备与可燃、易燃易爆危险品和腐蚀性物品应保持一定的安全距离；④有爆炸和火灾危险的场所，应按危险场所等级选用相应的电气设备；⑤配电屏上每个电气回路应设置漏电保护器、过载保护器，距配电屏2米范围内不应堆放可燃物，5米范围内不应设置可能产生较多易燃、易爆气体、粉尘的作业区；⑥可燃材料库房不应使用高热灯具，易燃易爆危险品库房内应使用防爆灯具；⑦普通灯具与易燃物的距离不宜小于300毫米，聚光灯、碘钨灯等高热灯具与易燃物的距离不宜小于500毫米；⑧电气设备不应超负荷运行或带故障使用；⑨严禁私自改装现场供用电设施；⑩应定期对电气设备和线路的运行及维护情况进行检查。

（四）建筑防雷火灾

为了防止雷电引发火灾，施工现场用电应符合下列规定：①所有电气设备的金属外壳及与电气设备连接的金属构架必须有可靠的接零或接地保护，当外借电源时，应先了解外借电力系统中电气设备采用何种保护，方可确认采用接地或接零保护；②保护零线宜使用多股铜线，严禁使用独股铝线，单相制的零线截面相同，三线四线制的工作零线，保护零线不少于相线截面的一半（使用电缆的除外）；③工作零线与保护零线应分开，不得二者合为1条线，零线不得串联，电焊机、行灯变压器保护零线中间不得有接头，不准利用螺栓等当导体使用；④零线与设备及端子板连接需牢固，不得虚接，要满环360°，无正式压接线鼻子时，一定要缠绕紧实线端，并加垫压满，压点要设在明处，端子板的每个螺丝只允许1个设备的保护零线；⑤采用接零保护的单相（220伏）电气设备，应设有单独的保护零线，不得利用设备自身的工作零线兼保护零线；⑥凡高度在20米以上的井架、高大架子、机具及水塔、烟囱等应采取防雷措施，大模板施工中模板就位后，要及时用导线与建筑物接地线连接，其接地电阻应小于10欧姆。

第二节 特殊场所的消防安全管理

特殊场所指的是那些具有重要意义，一旦发生火灾可能造成严重后果的场所，如医院、学校、商场、宾馆等。为了确保特殊场所的安全，有效的消防安全管理是必不可少的。

一、医院的消防安全管理

案例： 2023 年 4 月 18 日 12 时 57 分，北京市丰台区消防救援支队接警，北京某医院住院部东楼发生火情。接警后，消防、公安、卫健、应急等部门立即赴现场处置。13 时 33 分，现场明火被扑灭。15 时 30 分，现场救援工作结束。火灾导致 29 人遇难，其中 26 人为住院患者，另有 1 名护士、1 名护工、1 名家属。另外，经初步调查，事故系医院住院部内部改造施工作业过程中产生的火花引燃现场可燃涂料的挥发物所致。

随着社会经济的快速发展，社会医疗水平也逐渐提高，医院功能由单一型逐步向多元化、复杂化发展，在为广大人民群众提供良好就医环境的同时，也给医院的消防安全管理工作带来了巨大的考验。医院在诊断、治疗过程中，使用多种易燃易爆化学危险物品、各种电气设备及其他明火等，而且医院人员众多、流动量大，伤病员自身活动能力较差，且有较贵重医疗设备，一旦失火，容易造成人员伤亡和重大经济损失。

（一）医院的消防安全基本特点

1. 疏散人数多，难度大

来医院就诊和住院的病人很多行动不便，一些骨折、手术、急救危重病人可能部分丧失或完全丧失行动能力。一些心脏病、高血压病人遇火灾时由于紧张可能导致病情加重，甚至猝死。

2. 人员密度大

医院里除了病人、工作人员外，还聚集着大量照顾、探望病人的人员，尤其是门诊楼和住院楼，是典型的人员密集场所。

3. 医疗设备繁多，致灾因素多

医院内各种医疗、电气设备多。比如，放射机房装有固定或移动的 X 线机、核磁共振机等大功率诊疗设备，增加了发生火灾的概率。诊断、治疗过程中需要使用多种易燃易爆化学危险物品，也容易发生火灾事故。

4. 手术室、高压氧舱火灾危险性大

手术室常使用麻醉剂、氧气、电灼器、吸引器、透热器等可能引发爆炸的物质。高压氧舱含氧量高，容易引发油脂、纯涤纶等自燃，一旦发生火灾，舱内人员不能撤离，会造成严重的伤亡事故。

（二）医院的火灾隐患

1. 医院内部火灾隐患严重

医院住院部有大量的棉被、床垫等可燃物，手术室、制剂室、药房存放使用的乙醇、甲醇、丙酮、苯、乙醚、松节油等易燃化学试剂，以及锅炉房、消毒锅、高压氧舱、液氧罐等压力容器和设备，有时还需使用酒精灯、煤气灯等明火，以及电炉、烘箱等电热设备。如果管理使用不当，很容易造成火灾，发生爆炸事故。

2. 医院内部固有建筑设计不合理

医院内部的建筑楼层较多，各个部门科室相互连通，出于自身防盗的考虑，很多医院在有贵重设备和财产的科室里都安装了防盗门，窗户安装防护栏，夜间锁病区大门。这些做法虽然有利于财产的安全管理，但从消防安全的角度来说是极不合理的。

3. 电气线路老化，用电超负荷

当前医院的大型医疗设备与日俱增，但线路陈旧。同时，因调整科室、更改原设计用途、电力超负荷等出现火灾隐患，致使电器线路老化或超负荷，造成表面绝缘层破损发生短路，导致火灾的发生。

4. 零星火种多，管理难度大

医院的火源较多，一是烟头、火柴，取暖做饭的火炉，制剂室的电炉、煤气炉，病理室的烘箱等明火；二是电线老化或超负荷，造成外表绝缘破损发生短路，电时钟、荧光灯、镇流器及电气设备长期使用发热起火，氧气瓶遇到碳氢化合物、油脂发生自燃等。

5. 日常安全管理难度较大

消防安全涉及医院事务的方方面面，不仅包括消防设施的维护、检查，还包括消防技能的演练、消防应急预案的制定等，有些措施和方法还可能与其他管理方面相矛盾，导致管理难度较大。

（三）医院火灾的危险性

1. 火灾损失大

医院是人员高度集中的公共场所，不仅有病人和医护人员，还包括后勤人员、病人家属等。医院的各种高新设备价格昂贵，动辄几百万甚至上千万，一些稀缺药物也是非常宝贵的。一旦发生火灾，造成的人员伤亡和财产损失势必非常严重。

2. 疏散难度大

医院作为患者集中的场所，病人及陪护人员数量众多。有些患者行动不便，如骨科病患、手术病人、产妇、老年患者等，他们的自救能力弱，需要照顾并协助疏散。一旦发生火灾，疏散人数多、难度大。

（四）医院的消防安全管理措施

1. 确定消防安全重点部位

消防安全重点部位是指电气设备集中、用电负荷大、物资集中、商品为可燃、易燃物的场所。医院将下列部位确定为消防安全重点部位：①容易发生火灾的部位，包括药品库房、实验室、供氧站、高压氧舱、胶片室、锅炉房、厨房、被装库、变配电室等；②发生火灾时危害较大的部位，包括住院部、急诊部、手术部、贵重设备室、病案资料库等；③对消防安全有重大影响的部位，包括消防控制室、固定灭火系统的设备房、消防水泵房、发电机房等。

2. 按规定行事

医院消防安全重点部位应设置明显的防火标志，确定消防安全责任人，标明配置的消防设施，落实相应管理规定，并应符合下列要求：①根据实际需要配备相应的灭火器材、装备和个人防护器材；②制定和完善事故应急处置操作程序；③每日进行防火巡查，每月定期开展防火巡查。

3. 医院各重点部位、部门应注意的消防安全事项

（1）门诊部与急诊科。门诊部与急诊科应注意的消防安全事项包括：①使用乙醚、酒精、胶片等易燃、易爆危险物品的科室应严格执行危险品领取登记和清退制度，按照操作规程取用和存放，避免邻近或接触热源或被阳光直射；②导诊、挂号、收费、取药等部位应合理布置，避免人员聚集，影响人员疏散；③候诊区应通过张贴图画、视频等形式向候诊人员宣传防火、灭火和安全疏散、应急逃生等消防知识。

（2）手术部及手术室。手术部及手术室应注意的消防安全事项包括：①医院手术部使用的酒精、麻醉剂（如乙醚、甲氧氟烷、环丙烷）等易燃危险物品，应严格执行危险品领取登记和清退制度；②在对病人进行麻醉的场所应有良好的局部通风；③应组织专业人员对手术部的电气设备及过滤器进行定期检查，并及时更换老化的电气线路和损坏的电气插座、电感整流器等；④激光、电刀、电锯、电钻等，以及除颤器、纤维光导光源等医疗设备应由专业人员负责维修、保养，操作时应远离易燃物品；⑤手术部不使用时，应关闭电源和供氧设施；⑥手术部应与医疗机构的其他场所采取有效的防火分隔措施，减小其他场所火灾对手术部的影响。

（3）病房、重症监护室。病房、重症监护室应注意的消防安全事项包括：①病房内的房门或床头及病房公共区域的明显位置应设置安全疏散指示图，指示图上应标明疏散路线、疏散方向、安全出口位置及人员所在位置和必要的文字说明；②医务人员应向新住院或观察治疗的病人介绍本区域的疏散路径及安全疏散、应急逃生常识；③超过2层的病房内应配备一定数量的防护面罩、应急照明设备、辅助逃生设施及使用说明；④行动不能自理或行动不便患者的病房宜设置在4层以下楼层；⑤治疗用的仪器设备应由专人负责管理和使用，不使用时应切断电源、红外线、频谱等电加热器械，应与窗帘、被褥等可燃物保持安全距离；⑥护士站内存放的酒精、乙酸等易燃、易爆危险物品应由专人负责、专柜存放，并应存放在阴凉通风处，远离热源，避免阳光直射，严格执行危险品领取登记和清退制度，禁止超额储存；⑦禁止在病房内做饭、烧水，除医疗必须使用外，病房内不应使用电炉、石英取暖器等高温设备；⑧不应擅自改变病房内的电气设备或在病房的线路上加接电视机、电风扇等电气设备；⑨病房内不应堆放纸箱、木箱等可燃物，用过的纱布、棉球等应暂存在指定地点，并定时清理；⑩病房内的通道以及公共走道应保持畅通，不应堆放物品；⑪重症监护室应自成1个相对独立的防火分区，通向该区的门应采用甲级防火门；⑫病房、重症监护室宜设置开敞式的阳台或凹廊，窗口、阳台等部位不应设置影响逃生和灭火救援的栅栏。

（4）药品库房、制剂室。药品库房、制剂室应注意的消防安全事项包括：①药品库房应设在独立建筑内或建筑内的独立区域内，与其他场所采取防火分隔措施；②药品库房内不应设置休息室、办公室，值班室夜间不应留人住宿；③药品应分类存放，酒精等易燃、易爆危险物品应储存在危险品库内，禁止储存在地下室内，不应与其他药品混存；④药品库房内的升降机严禁载人，其附近不应堆放纱布、药箱等可燃物；⑤药品库房中采用堆垛方式存放的中草药，应采取定期翻堆、散热等措施防止

自燃；⑥未经允许，非工作人员不得进入危险品库房，危险品进出库房应轻拿、轻放，零散提取危险品时，应在库房外进行，严禁在库房内开启包装物，如开桶、开箱、开瓶等；⑦药品库房内明敷电气线路时，应穿金属管或敷设在封闭式金属线槽内，堆放的药品应与电闸、电气线路保持安全距离，药品库房内宜采用低温照明灯具；⑧设置在制剂室内的电炉、恒温箱、烤箱等用于制剂的电器，应由专人负责在固定地点使用；⑨制剂室应严格执行危险品领取登记和清退制度，每天工作完毕后应清理现场，及时清除药渣等废弃物。

（5）病案资料库。病案资料库应注意的消防安全事项包括：①库房内温度应适宜，当温度较高时应采取降温措施；②库房内不应吸烟及动用明火，不应使用卤钨灯及 60 瓦以上的白炽灯等移动照明灯具；③库房内部及周边应保持干净整洁，库房内不应堆放与病案无关的杂物；④库房内灯具、电闸和电气线路应与病案保持安全距离；⑤工作人员离开库房时应检查各类设备电源，并关闭全部照明。

（6）检验科、实验室。检验科、实验室应注意的消防安全事项包括：①实验室应严格执行易燃、易爆危险物品领取登记和清退制度，禁止超额储存；②实验室使用的汽油、酒精等易燃危险品，乙醚、丙酮等自燃危险品，乙炔、氢气等爆炸危险品及其他危险品，应存放在指定位置，并远离热源和可燃物，避免阳光直射；③自燃危险品应单独存放，不应与其他试剂混放，且应放置在阴凉通风处；④实验室内不应随意乱接电线，擅自增加用电设备，严禁私自安装电闸、插座、变压器等，当工作需要时，应由具有相应资质的人员或机构负责接线、安装；⑤实验室仪器设备应由专人负责管理，应经常检修线路，防止老化和漏电。

（7）供氧站、用氧部位。供氧站、用氧部位应注意的消防安全事项包括：①供氧站、高压氧舱等用氧部位，应明确岗位消防安全职责，严格执行安全操作规程；②供氧站与热源、火源和易燃、易爆场所的距离应符合国家相关标准的规定；③供氧、用氧设备及其检修工具不应沾染油污；④供氧站内氧气空瓶和实瓶应分开存放，应由工作人员负责瓶装氧气的运输，氧气灌装应由具备相应资质的人员操作，不应在供氧站内灌装氧气袋；⑤病房内氧气瓶应及时更换、不应积存，采用管道供氧时，应经常检查氧气管道的接口、面罩等，发现漏气应及时修复或更换；⑥高压氧舱排氧口应远离明火或火花散发地点。

（8）放射机房（包含 CT 室、核磁室）。放射机房应注意的消防安全事项包括：①机房内严禁存放可燃、易燃物品；②机房应有足够的空间保证空气流通和机器散热；③在机房内使用酒精、汽油等易燃液体进行消毒和清洗污物时，应打开门窗通风；④电气设备应正式安装，电缆变压器的负载、容量应达到规定的安全系数，中型以上的诊断用 X 线机应设置专用的电源变压器；⑤机器及其设备部件应有良好的接地装置；⑥X 线机的电缆应敷设于封闭的电缆沟内，移动电缆的弯曲度不宜过大，地表走线部位应进行垫衬，高压插头与插座之间的空隙应采用绝缘材料填充；⑦高压发生器及机头不应随意打开观察窗口和拧松四周的固定螺丝；⑧工作人员在工作中应经常查听高压发生器或机头是否有异常声响，如有放电声，应立即停止使用并检查维修；⑨核磁共振机房宜配置无磁性清洁剂灭火器。

（9）锅炉房。锅炉房应注意的消防安全事项包括：①应按相关规定定期检修锅炉，点火前应测试锅炉安全阀，发现问题应及时检修；②锅炉周围应保持整洁，不应堆放木材、棉纱等可燃物；③不应向锅炉的炉膛内投放废旧物品；④应每年检修1次动力线路和照明线路，明敷线路应穿金属管或封闭式金属线槽，且与锅炉和供热管道保持安全距离；⑤对于燃油、燃气锅炉房，应定期检查供油、供气管路和阀门的密封情况，并保持良好通风，设有可燃气体报警装置的锅炉房，应查看可燃气体报警装置的工作状态是否正常。

（10）餐厅厨房。餐厅厨房应注意的消防安全事项包括：①厨房应保持清洁，染有油污的抹布、纸屑等杂物应随时清除，灶具旁的墙壁、抽油烟罩等易污染处应每天清洗，油烟管道应至少每2个月清洗1次；②油炸食品时，锅里的油不应超过油锅的三分之二，并留意避免水滴和杂物掉进油锅，油锅加热时应采用温火；③厨房工作人员进行加热、油炸等操作时不应离开岗位；④厨房内的燃气燃油管道、法兰接头、阀门应定期检查，非专业人员不得擅自接改拆电线、煤气管道和电源、气源，如发现燃气燃油泄漏，应立即关闭阀门，及时通风，并严禁使用任何明火和启动电源开关；⑤厨房内的燃气瓶应集中管理，距灯具等明火或高温表面应有足够的间距；⑥厨房内电气设备的线路应正式安装，不得增加容量，不得超负荷或过载运行；⑦餐厅建筑面积大于1 000平方米，其烹饪操作间的排油烟罩及烹饪部位应设置自动灭火装置，并应在燃气或燃油管道上设置与自动灭火装置联动的自动切断装置；⑧厨房内应配备石棉毯、干粉灭火器等，并应放置在明显部位；⑨厨房工作人员下班时，应认真检查厨房区域，切断不用的电源，拔掉厨房机械、电器插头（冷柜除外），关闭燃油燃气阀门，并做好下班安检记录。

（11）变配电室。变配电室应注意的消防安全事项包括：①室内应保持整洁，不应存放木箱、纸箱等可燃物；②应定期检修变压器和配电盘，查看线缆接头等部位的接触或温度情况，做好防护。

（12）消防控制室。消防控制室应注意的消防安全事项包括：①保证有容纳消防控制设备和值班、操作、维修工作所必需的空间，并配置相配套的设施；②有直通外部的出口，控制室的入口处应设置明显的标志；③确保消防设施及各种联动控制设备处于正常工作状态；④能显示高位消防水箱、消防水池、气压水罐等消防储水设施的最低水位信息，消防泵出水管阀门、自动喷水灭火系统管道上的阀门的开关状态信息，消防电源状态信息，如出现储水量低于最低水位、常开的供水控制阀门处于关闭状态、消防电源故障等应能显示并发出报警信号；⑤确保消防水泵、排烟风机、防火卷帘等消防用电设备的配电柜开关处于自动（接通）位置。

4.消防安全重点部位人员注意事项

消防安全重点部位人员在岗时要严格做到以下几点：①严格遵守岗位责任制，按时巡回检查，发现隐患及时处理；②严格遵守交接班制度，认真做好当班记录及交接班工作；③按照本岗位消防安全管理的实施细则，做好本岗位工作，预防事故的发生；④重点部位岗位严禁带入火种和明火作业。

（五）医院的消防安全管理制度

医院消防安全管理是指医院按照《中华人民共和国消防法》、本地政府的规定和医院的相关规章制度，进行消防建设、防范与管理，以预防和减少火灾造成的损失和危害。

消防安全管理工作应坚持"预防为主，防消结合"的方针，贯彻"谁主管，谁负责"的原则，实行逐级防火责任制。

医院消防工作由第一负责人负责，消防委员会负责消防宣传教育、知识培训等有关事宜，并由院保卫科对各科室实施消防安全日常监督检查和管理。

医院每位职工都有维护消防安全的义务，如保护消防设施、预防火灾、会报火警、参与灭火，必须严格遵守各项规定。

各科室负责人是科室消防安全第一责任人。科室医护人员在科室消防负责人领导下，做好医疗设备安全检查，用电、用火安全检查，易燃易爆物品管理等消防安全工作，发现火险隐患应及时上报。

科室和个人（包括集体宿舍住宿人员），严禁使用热水器、电炉等大功率电器，确因工作需要，须经相关科室同意，并落实责任人。不得私自使用煤气灶具，不得私自拉接电源。

医院的消防安全重点部位包括：药品库房、实验室、供氧站、高压氧舱、胶片室、住院部、急诊部、手术部、贵重设备室、病案资料库、锅炉房、厨房、被装库、变配电室、计算机中心、职工集体宿舍、消防控制室、固定灭火系统的设备房、消防水泵房、发电机房等。凡在划定的消防安全重点部位和禁止烟火区域内，不准擅自动用明火及吸烟，因工作需要使用明火（电焊、气焊等），必须由所在科室报保卫科审批同意后，并采取相应消防安全措施，方可动火施工。

凡使用、保管易燃易爆化学危险品人员，必须经培训上岗，严格执行国家有关消防安全规定和防火防爆注意事项。储存的库房必须符合防火要求。

根据消防安全要求，医院内应配置相应种类、数量的灭火器材设备，由保卫科负责购置、布局、更换、检查、管理，任何部门和个人不得擅自动用、挪位、外借和移作他用。

医院消防安全实行责任区域管理和逐级防火责任制，各科室防火责任人必须学习消防知识，熟悉本科室消防重点部位及灭火器材操作等，定期向本科室医护人员宣传消防常识。

疏散通道内不得堆放可燃物品及其他杂物，不得加设病床。应划分防火防烟分区，设在走道上的防火门，平时需要保持常开状态，发生火灾时则必须自动关闭。

按相关规定设置的封闭楼梯间、防烟楼梯间和消防电梯前一律不得堆放杂物，防火门必须保持常关状态。疏散门应采用向疏散方向开启的平开门，不应采用推拉门、卷帘门、吊门、转门。除医疗有特殊要求外，疏散门不得上锁；疏散通道上应按规定设置事故照明、疏散指示标志和火灾事故广播。

二、商场、集贸市场的消防安全管理

案例：2021年6月13日6时42分许，位于湖北省十堰市张湾区某社区的集贸市场发生重大燃气爆炸事故，造成26人死亡，138人受伤，其中重伤37人，直接经济损失约5 400万元。

近年来，随着市场经济的发展和繁荣，集贸市场遍布城乡，经营规模不断扩大。但由于原有建筑问题和经营过程中忽视消防安全等，不少集贸市场消防安全火灾隐患问题日益突出，成为社会不稳定的重要因素。为了有效地遏制火灾事故的发生，必须加强集贸市场的消防安全管理。

（一）集贸市场的消防安全基本特点

1. 人员密度大，疏散人数多，难度大

集贸市场因人员多、摊位多，人员素质参差不齐，发生火灾后，在疏散的时候有较大的困难，容易造成群死群伤。

2. 消防通道不畅

很多集贸市场存在摊位占用消防通道、消防通道狭窄、地面坑洼不平等情况。

3. 可燃物多，火灾负荷大

集贸市场内经营各类商品和服务，包括食品、衣物、家居用品等。有些商品易燃、易爆，一旦发生火灾，火势将迅速蔓延。

4. 不安全用电

一些摊贩为了节约成本，使用不符合标准的电线、插座以及电气设备，可能会导致电线短路、电气设备过热等问题，增加火灾的发生概率。

5. 建筑老化，消防设施不完备

一些集贸市场内的建筑年限较长，存在老化、质量不过关的隐患。同时，由于经营成本等因素，一些集贸市场的消防设施可能不够完善，缺乏有效的灭火设备和逃生通道，增加了火灾的风险。

（二）集贸市场的火灾隐患

1. 建筑主体不规范，摊位布局不合理

一些集贸市场在建造时不经消防救援机构审核批准便匆忙施工，竣工后又未经验收便投入使用，导致存在火灾隐患。例如，防火分区不明确或不进行防火分隔；电气线路不套阻燃管，乱敷设，乱接线；摊位设置紧凑，疏散通道过窄，安全出口过少；配备的灭火器材不足或型号不对；无室内外消防栓或室内外消防水源不足；未设置消防通道，消防车无法通行；经营者在门面内生活、住宿等。

2. 明火作业较多，违章用电用火现象普遍

集贸市场内人口流动量大，吸烟者众多，更有少数经营者在市场内使用煤炉生火做饭，稍有不慎就会酿成火灾。另外，集贸市场中的很多经营者缺乏用电常识，乱拉电线，电气设备长时间超负荷运行，电线绝缘层老化等，极易造成电气线路故障而引发火灾。

3. 消防设施和器材维护不善

除了一些集贸市场不按照消防技术规范设置自动报警、自动喷淋等消防设施外，还有一些集贸市场虽然设置了自动报警系统和自动灭火系统，但管理不善，系统不能正常运行。有的集贸市场的消防栓被货物埋压、圈占或损坏；灭火器不定期进行检查维护，不按时更换，外表锈迹斑斑，灭火器的种类配置错误，如 ABC 类干粉灭火器配成 BC 类，一旦发生火灾不能及时扑救初起火灾，将会导致情况恶化。

4. 人员素质参差不齐，消防安全意识淡薄

一些集贸市场的管理人员及集贸市场的经营者的消防安全意识淡薄，重经济利益、轻消防管理。一些集贸市场虽然设有消防组织，但制度不健全，培训教育不落实，防火检查不执行，常有边营业边施工，违章用电用火，违章焊接、切割，不会使用灭火器材等现象发生。有些集贸市场的开发商将摊位出售或出租后，不设立相应的管理机构，导致消防安全工作无人负责。

5. 疏散难度大

集贸市场作为人员集中的场所，人员数量较多，部分人群行动不便、自救能力较弱，一旦发生火灾，疏散难度大。

6. 日常安全管理难度较大

消防安全涉及集贸市场的方方面面，不仅包括集贸市场的消防设施的维护、检查，还包括火灾应急预案的制定与定期演练等。个别商贩由于消防安全意识淡薄，私自搭建临时隔断、私自增加摊位柜台；大量堆积可燃物甚至焚烧商品的包装外壳等，导致防火间距不足；有关部门配合度协调度不够，没有建立防火安全管理机构，没有建立健全防火安全管理制度……这些都会使消防安全管理的难度增大。

（三）集贸市场的消防安全管理措施

针对目前集贸市场消防安全现状及存在的火灾隐患，要使集贸市场消防安全管理真正做到防患于未然，必须加强以下几个方面的消防安全工作。

微课：集贸市场的消防安全管理措施

1. 加强建筑消防管理

集贸市场应远离有爆炸危险的甲、乙类生产厂房、库房、液体储罐、可燃材料堆场等，并与上述建筑物之间保持 50 米以上的距离。对于一、二级耐火等级的集贸市场，一般可按照最大不超过 2 500 平方米的建筑面积进行防火分隔，地下市场防火分区最大面积不超过 500 平方米。如果市场内设有自动灭火系统，防火分区面积可增加 1 倍。当采用防火墙有困难时，可采用耐火极限不小于 3 小时的防火卷帘或防火卷帘加水幕保护分隔，市场内禁止经营易燃易爆物品。对于火灾危险性较大的摊位，应布置在市场边缘并采取有效的防火措施。

2. 设置安全疏散设施

应保证疏散通道畅通，不允许在疏散通道上放置任何影响疏散的物品，更不允许在通道上摆摊设点占道经营。疏散门必须畅通无阻，不能将疏散门封堵、上锁。服装、布料等商品不应悬挂在步行走道、共享空间或内天井上，以防止其成为火灾蔓延扩大的途径。疏散通道及其交叉口、拐弯处、安全出口等处应设置疏散指示标志。市场内还应把商品火灾危险性和灭火方法相同的摊点集中统一布置，划分若干区域，区域之间应留有足够宽度的疏散通道。其中，主通道的最小宽度不应小于 3 米，次通道的最小宽度不应小于 1.4 米，主通道的底部应紧接安全出口。

市场外的疏散小巷最小宽度不应小于 3 米。当集贸市场上面设有住宅时，住宅的出入口或楼梯应

严格和市场分开，住宅部分的疏散楼梯间不应向市场内开设门、窗洞口。

3. 规范电气线路敷设

市场内的电气线路除严格按照《建筑防火通用规范》和《配电系统电气装置安装工程施工及验收规范》的规定执行外，还应把场地动力用电、摊位用电、值班照明和消防用电的 4 个线路分开敷设并厅外设闸。分开敷设的优势在于市场关闭后工作人员按时关掉所有摊位用电，做到人走电停。值班照明线路应沿走道敷设，采用功率较小的白炽灯，值班人员在巡查后随即将闸阀关掉。

4. 建立健全并严格落实消防安全责任制

集贸市场的法定代表人或主要负责人是消防安全管理责任人，责任人应立足"自我管理，自我负责"的意识，将消防安全责任制分解到各部门、各岗位、各经营摊主，层层落实消防安全责任制。当市场实行承包、租赁或委托经营管理时，应在订立的合同中明确各方的消防安全责任并签订消防安全责任状。消防车通道、涉及公共消防安全的疏散设施和其他建筑消防设施，应当由产权单位或者委托管理单位统一管理。

5. 健全消防组织，制定灭火疏散预案

集贸市场的消防工作要立足于自防自救。因此，应建立健全专职或义务消防队，并根据集贸市场自身情况制定切实可行的灭火疏散预案，经常按预案要求开展训练，使所有市场从业人员做到熟知市场内情况，会报警、会使用消防器材，会扑救初起火灾，会引导和组织人员安全疏散等。集贸市场还可以利用广播、标语、板报等宣传媒体向每位摊主和市场内顾客宣传消防知识，告知其防火注意事项。

6. 加强消防安全教育培训

加强对集贸市场的经营业主和从业人员的消防安全培训，提高消防安全意识，使他们达到"三懂"（懂得本场所的火灾危险性，懂得预防火灾的措施，懂得火灾扑救的方法）和"四会"（会报火警，会使用消防器材，会扑救初起火灾，会组织人员逃生疏散）。

集贸市场的消防安全管理是一个系统工程，不仅需要消防救援机构的监督检查，还需要全社会人员的共同参与。集贸市场的消防安全管理不仅涉及每个从业人员的切身利益，还关系经济的发展和社会的稳定，对于集贸市场的消防安全和消防管理应加大管理力度，加强对从业人员的消防安全教育培训，提高管理经营者的消防安全意识，消防监督管理部门要定期进行检查督导，只有这样集贸市场的消防安全才能得到有效的保障。

三、公共娱乐场所的消防安全管理

随着人民文化生活水平的不断提高，公共娱乐业日趋发展壮大。但公共娱乐场所火灾事故频发，群死群伤、特大恶性火灾时有发生，造成了重大经济损失和人员伤亡。

案例：2017 年 2 月 5 日 17 点 26 分，浙江省天台县赤城街道某足浴中心发生火灾，造成 18 人死亡、18 人受伤。事故直接原因是该足浴中心的汗蒸房西北角墙面的电热膜导电部分出现故

障，产生局部过热，电热膜被聚苯乙烯保温层、铝箔反射膜及木质装修材料包敷，导致散热不良，热量积聚，温度持续升高，引燃周围可燃物。

（一）公共娱乐场所的消防安全基本特点

1. 可燃物多，火灾荷载大

有的场所内舞台结构和木地板是可燃的，道具、布景等可燃物较为集中，加上观众厅、天花板和墙面很多采用可燃材料，大大增加了发生火灾的可能性。

2. 用电设备多，不安全用电多

公共娱乐场所连接的电器设备功率大、线路也多，如果使用不当，很容易造成局部过载、短路等而引起火灾。一些场所为了烘托节日气氛，都会挂上各种各样的彩灯，若安装不当，也易引起火灾。

3. 部分建筑设计不合理

公共娱乐场所的歌舞厅、影剧院、礼堂等位置，由于建筑跨度大，有的处于垂直或悬挂状态，加上采用大量的可燃物料和可燃设备，一旦发生火灾，发展迅速且燃烧猛烈，极易造成房屋倒塌，给扑救工作带来很大的困难。

4. 疏散困难，易造成人员伤亡

人员聚集的公共娱乐场所发生火灾，疏散困难，即使是小的火灾事故，也会导致人们惊慌失措、相互拥挤，如不能及时疏散，会造成重大人员伤亡事故。

5. 建筑结构形式多样，内部结构错综复杂

娱乐场所很少有独立的建筑，经营者一般都是租用建筑物的局部进行装修和改造，有的是在商场、办公楼的某个楼层，有的甚至是在居民住宅楼内。

一些娱乐场所在进行装修的时候为了充分利用建筑内部空间，或者为了隐蔽一些角落，往往在走道两侧或拐角布置房间，一旦发生火灾，不利于人员的疏散和逃生。

（二）公共娱乐场所的火灾危险性

1. 火灾发现晚，报警迟缓

公共娱乐场所以营利为目的，为了迎合顾客、招揽生意，服务人员对顾客的行为一般不作过多的限制，再加上内部管理松懈，火灾初期往往不能及时发现，容易延误报警时间。

2. 人员集中，易造成群死群伤

公共娱乐场所在营业期间人员密集，又因内部结构比较复杂，疏散通道较少，发生火灾时，人员疏散比较困难。装修材料产生的大量浓烟和毒气，容易使未及时疏散的人员窒息或中毒。加上烟雾大，能见度低，逃生时人员容易产生恐慌和骚乱，相互挤压，易造成群死群伤。

3. 内部结构复杂，疏散救人困难

一些公共娱乐场所内部分隔错综复杂，一旦发生火灾，疏散和救人均比较困难。

4. 易波及相连建筑，火灾扑救困难

由于公共娱乐场所多数是其他建筑的一部分，本身与相连建筑竖向或横向相通，火势会水平通过走廊、通道或门等向相连建筑蔓延，波及相连建筑。同时，公共娱乐场所一般位于城市繁华地带和交通要道，一旦发生火灾，易造成交通堵塞，影响火灾扑救，造成重大经济损失和不良社会影响。

5. 火灾荷载大，易形成立体燃烧

公共娱乐场所一般追求华丽、高档的装潢效果，在走廊、包厢等区域使用大量可燃物进行装饰装修，加上内部的一些陈设，可燃物较多，火灾荷载较大。一旦发生火灾，火势燃烧猛烈，加之空间较大，火势向四周迅速蔓延，易形成立体燃烧。

6. 通风条件差，烟雾较浓

公共娱乐场所的门窗在通常情况下是关闭的，发生火灾时烟雾不能及时排出，而在内部热量积聚，加上可燃荷载多，在没有良好通风的情况下，产生大量的不完全燃烧产物而形成浓烟，易造成人员窒息，并且能见度低，不利于消防开展救人灭火行动。

（三）公共娱乐场所的消防安全管理措施

公共娱乐场所的消防安全隐患是较长一段时间形成的，具有许多不确定因素。因此，要制定积极的消防安全管理对策，就必须抓源头、抓过程、抓调研、抓结果，多处着手，齐抓共管，实施综合管理。公共娱乐场所应该采取以下几项消防安全管理对策。

1. 消防救援机构严格审批手续

公共娱乐场所在使用或者开业前，必须做到具备消防安全条件，依法向当地消防救援机构申报检查，经消防安全检查合格后，方可使用或者开业。消防救援机构应认真履行职责，严格按照现行消防法律规范进行审核、验收。

2. 消防救援机构要加大对公共娱乐场所的监督执法力度

对不符合消防管理法规，存在重大火灾隐患的公共娱乐场所，消防救援机构应要求其停业或整顿。消防救援机构采取定期检查和不定期抽查相结合，发现隐患要限期整改，对久拖不改的要依法进行严肃处理。

3. 消防救援机构要狠抓对公共娱乐场所法定代表人的管理

法定代表人为本单位第一消防安全责任人，应当依照《中华人民共和国消防法》的规定履行消防安全职责，负责检查和落实本单位的防火措施、灭火预案的制定和演练以及建筑消防设施、消防通道、电源和火源管理。

4. 加强公共娱乐场所业主和员工的消防安全知识培训工作

消防救援机构每年要定期组织对公共娱乐场所业主和员工的消防安全知识培训工作，要求公共娱乐场所制定防火管理制度，制定紧急安全疏散预案，在营业时间和营业结束后，指定专人进行安全巡查；营业期间，不得超过额定人数。演出、放映场所的观众厅内禁止吸烟和明火照明；严禁带入和存放易燃易爆物品；严禁在营业时进行设备检修、电气焊、油漆粉刷等施工、维修作业；应当建立全员防火安全责任制度，全体员工都应当熟记必要的消防安全知识，会报火警，会使用灭火器材，会组织人员疏散；新职工上岗前必须进行消防安全培训。

5. 建立消防档案，强化管理

消防救援机构要对辖区内的公共娱乐场所逐一登记造册，建立防火档案，强化管理。要与单位法定代表人签订消防安全责任书，并帮助场所建立、完善各种安全规章制度，开展检查、督促整改火灾隐患，制订灭火疏散预案，并组织进行演练。与此同时，还应与文化、工商管理部门和各辖区派出所协调、密切配合，形成一条龙的消防安全管理体系。

公共娱乐场所建筑内部装修和消防设施配置事关其消防安全大局，消防救援机构要着重把握好以下几个方面：①公共娱乐场所内部装修的审核关，严格按技术规范进行审核，对内部装修未经验收或者验收不合格的公共娱乐场所不得让其营业和投入使用。②公共娱乐场所设置在耐火等级不低于二级的建筑物内，对已经核准设置在三级耐火等级建筑内的公共娱乐场所，应当符合特定的防火安全要求。公共娱乐场所不得设置在文物古建筑和博物馆、图书馆建筑内，不得毗连重要仓库或者危险物品仓库，不得在居民住宅楼内改建公共娱乐场所。③公共娱乐场所的安全出口位置、数目、疏散宽度和距离。在营业时，必须确保安全出口和疏散通道畅通无阻，严禁将安全出口上锁、阻塞。应当按规定设置符合标准的灯光疏散指示标志和火灾事故应急照明灯。④公共娱乐场所应按照《建筑灭火器配置设计规范》配置灭火器材，设置报警电话，保证消防设施的标准，确保设备完好有效。⑤对公共娱乐场所的电气防火安全管理应加大管理力度。公共娱乐场所不得超负荷用电，不得擅自拉接临时电线，做到专人管理。

消防救援机构及各娱乐单位要充分利用"119"宣传日和日常宣传，用上街宣传，播放消防录像、录音，到单位给员工上课等形式进行宣传教育，使城乡居民人人理解消防、懂得消防、自觉遵守有关规章制度，爱护消防设施，配合消防救援机构和派出所做好消防工作。公共娱乐场所在单位内设置消防警示语、疏散指示标记，时刻提醒顾客注意防火，保护好自身的人身和财产安全；在显眼位置设置场所疏散路线图，帮助顾客在发生火灾时能迅速离开危险地，并可对顾客插播相关消防录像、录音。

四、宾馆、饭店的消防安全管理

案例：2023年6月21日20时40分许，宁夏回族自治区银川市兴庆区某烧烤店的操作间液化石油气（液化气罐）泄漏引发爆炸。烧烤店总店长海某、工作人员李某违反有关安全管理规定，擅自更换与液化气罐相连接的减压阀，导致液化气罐中液化气快速泄漏，引发爆炸。事故造成31人死亡、7人受伤。

宾馆和饭店是供客人住宿、就餐、娱乐和举行各种会议、宴会的场所。现代化的宾馆、饭店一般都具有多功能、综合性的特点，同时存在许多消防安全隐患。

（一）宾馆、饭店的消防安全隐患

1. 违规违章装修施工

一些宾馆、饭店进行装修改造施工，由于用火、用电、用气设备较多，部分施工材料不符合防火的耐火要求，一旦工人操作失误或处理不当，容易导致消防安全事故的发生。

2. 电气设备老化

一些宾馆、饭店电气线路老化或配置不合理，容易引发火灾。比如，大量使用单层绝缘绞线接线板，这种电线没有护套，易因挤压或被动物咬噬而发生短路；客房内的电熨斗、电暖器等电热器具，客人使用不当，违章接线或忘记断电而使设备过热引燃周围可燃物造成火灾。

3. 厨房违规操作

比如，在炉灶上煨、炖、煮各种食品时，浮在上面的油质溢出锅外，遇火燃烧；在炉灶旁烘烤衣物或用易燃液体点火发生燃烧或爆炸。此类火灾蔓延速度快，扑救困难，特别是油类火灾，无法用水进行扑救。

4. 住店客人安全意识不强

客人在宾馆卧床吸烟是诱发火灾的重要因素，还有一部分是少年儿童无同行成年人的监督因玩火而引发火灾。

5. 施救设施设备不全或失效

部分宾馆、饭店存在安全出口锁闭或数量不足，疏散通道被堵塞、占用，消火栓被圈占、遮挡，自动报警系统、喷淋设施损坏或未按要求安装，疏散指示标志不足，应急照明损坏，灭火器过期等，一旦发生火灾，得不到及时扑救，最终酿成事故。

此外，消防安全制度不健全、责任制落实不到位等，也是引发宾馆、饭店火灾发生的原因。

（二）宾馆、饭店的火灾危险性

1. 可燃装修材料多，火灾荷载大

宾馆、饭店虽然大多采用钢混凝土结构或钢结构，但大量的装饰、装修材料和家具、陈设都采用木材、塑料和棉、麻、丝、毛以及其他可燃材料，增加了建筑内的火灾荷载。一旦发生火灾，大量的可燃材料将导致燃烧猛烈、火灾蔓延迅速；大多数可燃材料在燃烧时还会产生有毒烟气，给疏散和扑救带来困难，危及人身安全。

2. 建筑结构复杂，火灾蔓延快

现代的宾馆和饭店，很多都是高层建筑，楼梯间、电梯井、管道井、电缆井、垃圾道等竖井林立，如同一座座大烟囱；还有通风管道纵横交错，延伸到各个角落。一旦发生火灾，极易产生"烟囱效应"，使火焰沿着竖井和通风管道迅速蔓延、扩大，进而危及全楼。

3. 疏散施救困难，易造成重大伤亡

宾馆、饭店是人员比较集中的地方，且大多数是暂住的旅客，流动性很大。他们对建筑内的环境、疏散设施不熟悉，加之火灾产生大量的烟雾，极难辨识方向，拥塞在通道上，造成秩序混乱，给疏散和施救工作带来困难，容易造成重大伤亡。

4. 用火用电频繁，火灾因素较多

宾馆、饭店用火、用电、用气设备多且量大，如果疏于管理或员工违章作业，极易引发火灾；部

分住宿客人消防安全意识不强，随意用火、卧床吸烟等也是造成火灾的常见现象。因此，宾馆、饭店的消防管理十分重要，预防火灾的任务相当繁重。

（三）宾馆、饭店的重点部位的消防安全管理

宾馆、饭店的管理、操作、服务人员，除应了解宾馆、饭店的火灾危险外，更重要的还须熟悉相关消防法律规范的要求，同时还要满足以下的消防安全要求。

1. 客房、公寓、写字间的消防安全管理

客房、公寓、写字间是现代宾馆、饭店的主要部分，包括卧室、卫生间、办公室、小型厨房、客房、楼层服务间、小型库房等。

客房、公寓发生火灾的主要原因是烟头、火柴梗引燃可燃物或电热器具烤着可燃物。发生火灾的时间一般在夜间和节假日，尤以旅客卧床吸烟，引燃被褥及其他棉织品等发生的事故最为常见。所以，客房内所有装饰、装修材料均应符合《建筑内部装修设计防火规范》的规定，采用不燃材料或难燃材料，窗帘一类的丝、毛、麻、棉织品应经过防火处理，客房内除了固有电器和允许旅客使用的电吹风、电动剃须刀等日常生活的小型电器外，禁止使用其他电器设备，尤其是电热设备。

对旅客及来访人员应明文规定，禁止将易燃易爆物品带入宾馆，凡携带进入宾馆者，要立即交服务员专门储存，妥善保管。

客房内应配有禁止卧床吸烟的标志、应急疏散指示图、住客须知及宾馆、饭店内的消防安全指南。服务员在整理房间时要仔细检查，对烟灰缸内未熄灭的烟蒂不得倒入垃圾袋；平时应不断巡逻查看，发现火灾隐患时应及时采取措施。

2. 餐厅、厨房的消防安全管理

餐厅是宾馆、饭店人员最集中的场所，包括大小宴会厅、中西餐厅、咖啡厅、酒吧等。这些场所的可燃物数量很大，并连通危险性较高的厨房。有的餐厅为了增加地方特色，临时使用明火较多，如点蜡烛增加气氛，加热菜肴使用炉火等，这些都是火灾隐患。

厨房内设有冷冻机、厨房设备、烤箱等，由于雾气、水汽较大，油烟积存较多，导致这些设备容易受潮和绝缘层老化，造成漏电或短路起火；厨房用火较多，油锅起火是十分常见的。因此，餐厅和厨房应采取的消防安全措施主要有以下方面。

（1）留出足够的安全通道，保证人员能够安全疏散。餐厅应根据设计用餐的人数摆放餐桌，留出足够的通道。通道及出入口必须保持畅通，不得堵塞。

（2）加强用火、用电、用气管理。建立健全用火、用电、用气管理制度和操作规程，落实到每个员工。比如，餐厅内需要点蜡烛增加气氛时，必须把蜡烛固定在不燃材料制作的基座内，并不得靠近可燃物；供应火锅、烧烤的餐厅，必须加强对炉火的看管，使用酒精炉时，严禁在火焰未熄灭前添加酒精，酒精炉应使用固体酒精燃料。

对厨房内燃气燃油管道、法兰接头、仪表、阀门必须定期检查，防止泄漏；发现燃气燃油泄漏，首先要关闭阀门，及时通风，并严禁使用任何明火和启动电源开关。燃气库房不得存放或堆放餐具等

其他物品。楼层厨房不应使用瓶装液化石油气，煤气、天然气管道应从室外单独引入，不得穿过客房或其他公共区域。

厨房内使用厨房机械设备，不得超负荷用电，并防止设备和线路受潮。油炸食品时，要采取措施，防止油溢出着火。工作结束后，操作人员应及时关闭厨房的所有燃气燃油阀门，切断气源、火源和电源后方能离开。厨房内抽烟罩应及时擦洗，烟道每半年应清洗1次。厨房内除了配置常用的灭火器外，还应配置石棉毯，以便扑灭油锅起火的火灾。

3. 公共娱乐场所的消防安全管理

宾馆、饭店中的公共娱乐场所应当遵守《公共娱乐场所消防安全管理规定》，符合有关的防火要求。

4. 电气设备的消防安全管理

随着科学技术的发展，宾馆、饭店设备的电气化、自动化日益普及，因电气设备管理使用不当引起的火灾时有发生。宾馆、饭店的电气线路一般都敷设在吊顶和墙内，如发生漏电短路等电气故障，往往先在吊顶内起火，而后蔓延，不易及时发觉，待发现时火已烧大，造成无可挽回的损失。因此，对电器设备的安装、使用、维护必须做到以下几点。

（1）客房里的台灯、壁灯、落地灯和厨房机电设备的金属外壳，应有可靠的接地保护。床头柜内设有音响、灯光等设备的，应做好防火隔热处理。

（2）照明灯具表面高温部位应当远离可燃物；碘钨灯、荧光灯、高压汞灯（包括日光灯镇流器），不应直接安装在可燃构件上；深罩灯、吸顶灯等如靠近可燃物安装时，应加垫不燃材料制作的隔热层；碘钨灯及功率大的白炽灯的灯头线应采用耐高温线穿套管保护；在厨房等潮湿的地方应采用防潮灯具。

（3）空调、制冷和加热设备等要加强维护检查，防止发生火灾。

（四）宾馆、饭店的消防安全管理措施

1. 按照有关规定建设完善的消防设施

宾馆、饭店客房内所有装饰、装修材料均应符合消防的相关规定。要设置火灾自动报警系统、消火栓系统、自动喷水灭火系统、防烟排烟系统等各类消防设施，并设专人操作维护，定期进行维修保养。要按照规范要求设置防火、防烟分区，疏散通道及安全出口。安全出口的数量，疏散通道的长度、宽度及疏散楼梯等设施的设置，必须符合规定，严禁占用、阻塞疏散通道和疏散楼梯间，严禁在疏散楼梯间及其通道上设置其他用房和堆放物资。

为了确保防火分隔，楼梯间、前室的门应为乙级防火门，并应向疏散方向开启；楼梯间及疏散走道应设置应急照明灯具和疏散指示标志；应急照明灯宜设在墙面上或顶棚上，安全出口标志宜设在出口的顶部；疏散走道的指示标志宜设在疏散走道及其转角处距地面1米以下的墙面上，且间距不应大于20米；疏散用应急照明灯，其地面最低照度不应低于0.5勒克斯，且连续供电时间不应少于20分钟。

2. 建立健全消防安全制度

宾馆、饭店要落实消防安全责任制，明确各岗位、部门的工作职责，建立健全消防安全工作预警机制和消防安全应急预案，完善值班巡视制度，成立消防义务组织，开展消防安全演习，加大消防安全工作的管理力度。

宾馆、饭店必须落实消防安全责任制，既要加强硬件设施的管理，也要加强软件管理，建立健全各项消防安全管理制度，依法履行自身消防安全管理职责，定期组织防火检查，消除火灾隐患，加强员工消防安全培训，制定并经常演练灭火、疏散预案。

3. 强化对重点区域的检查和监控

宾馆、饭店消防安全责任人和楼层服务员要加强日常巡视，发现火灾隐患时应及时采取措施。餐厅应建立健全用火、用电、用气管理制度和操作规范，厨房内燃气燃油管道、仪表、阀门必须定期检查。

4. 加强对员工的消防安全教育

宾馆、饭店要加强对员工的消防知识培训，提高员工的防火灭火知识，使员工能够熟悉火灾报警方法、熟悉岗位职责、熟悉疏散逃生路线。要定期组织应急疏散演习，加强消防实战演练，完善应急处置预案，确保突发情况下能够及时有效进行处置。

5. 加大消防监管力度

消防救援机构要按照法律规定和国家有关消防技术标准要求，加强对宾馆、饭店的监督和检查；旅游行政主管部门要通过行业标准等手段，对宾馆、饭店实施消防安全监管。

6. 强化对客人的消防安全提示

要加强对住店客人的消防安全提示，要设置禁止卧床吸烟和禁止扔烟头、火源入废纸篓的标志；要告知客人消防紧急出口和疏散通道的位置；要提醒住店客人加强对同行的未成年人和无行为能力人的监护，防止因不慎而引发消防安全事故。

五、校园的消防安全管理

案例： 2008年11月14日早晨6时10分左右，上海商学院徐汇校区一学生宿舍楼发生的火灾，导致4名女生遇难。引火原因系寝室里使用"热得快"发生故障引燃周围可燃物。

学校是人员密集场所，教学楼、实验室、集体宿舍、图书馆、餐厅等场所师生高度聚集，各类火灾致灾因素多，火灾事故发生概率高。中小学生均为未成年人，火灾逃生自救能力弱，一旦发生火灾事故，极易造成人员伤亡，严重威胁校园师生的生命和财产安全。

（一）儿童活动场所以及托儿所、幼儿园的消防安全管理

儿童活动场所主要是指设置在建筑内的儿童游乐厅、儿童乐园、儿童培训班、早教中心等类似用途的场所，托儿所是指用于哺育和培育3周岁以下婴幼儿的场所，幼儿园是指对3~6岁的幼儿进行

集中保育、教育的场所。

1.儿童活动场所以及托儿所、幼儿园的儿童用房的建筑及楼层要求

（1）宜设置在独立的建筑内，且不应设置在地下或半地下。

（2）采用一、二级耐火等级的建筑时，不应超过3层；采用三级耐火等级的建筑时，不应超过2层；采用四级耐火等级的建筑时，应为单层。

（3）确需设置在其他民用建筑内时，应采用耐火极限不低于2小时的防火隔墙和1小时的楼板与其他场所或部位分隔，墙上必须设置的门、窗应采用乙级防火门、窗，且应符合下列规定：①设置在一、二级耐火等级的建筑内时，应布置在首层、二层或三层；②设置在三级耐火等级的建筑内时，应布置在首层或二层；③设置在四级耐火等级的建筑内时，应布置在首层。

（4）托儿所、幼儿园的儿童用房和活动场所设置在木结构建筑内时，应布置在首层或二层；当为四级耐火等级的建筑内时，应布置在首层。

2.儿童活动场所以及托儿所、幼儿园的儿童用房的疏散门、安全出口要求

（1）设置在高层建筑内时，应设置独立的安全出口和疏散楼梯。这些场所的安全出口和疏散楼梯要完全独立于其他场所，不应与其他场所共用，而仅供本场所人员疏散用。

（2）设置在单、多层建筑内时，宜设置独立的安全出口和疏散楼梯。当裙房与高层建筑主体之间采用防火墙分隔时，设置在裙房内的这类场所可按单、多层建筑的要求设置。

（3）儿童活动场所、托儿所、幼儿园，每个防火分区或1个防火分区的每个楼层，其安全出口的数量应经计算确定，且不应少于2个。

（4）除托儿所、幼儿园外的儿童活动场所，应当设置在单层公共建筑或多层公共建筑的首层，整层建筑面积不大于200平方米、人数不超过50人时，可以设置1个安全出口。

（5）房间的疏散门数量应经计算确定且不应少于2个。以下情况的房间疏散门可以设置1个：①位于2个安全出口之间或袋形走道两侧的房间，建筑面积不大于50平方米的托儿所、幼儿园，可以设置1个疏散门；②位于2个安全出口之间或袋形走道两侧的房间，建筑面积不大于120平方米的儿童活动场所（托儿所、幼儿园除外），可以设置1个疏散门；③位于走道尽头的房间，符合以下条件的儿童活动场所（托儿所、幼儿园除外），可以设置1个疏散门，建筑面积小于50平方米且疏散门的净宽度不小于0.90米，或由房间内任一点至疏散门的直线距离不大于15米、建筑面积不大于200平方米且疏散门的净宽度不小于1.40米。

（6）托儿所、幼儿园的安全疏散距离要求：直通疏散走道的房间疏散门至最近安全出口的直线距离，以及房间内任一点至房间直通疏散走道的疏散门的直线距离，不应大于《建筑防火通用规范》及相关规范中的规定。托儿所、幼儿园以外的其他儿童活动场所，参照有关公共建筑的安全疏散距离的规定。

3.儿童活动场所以及托儿所、幼儿园的消防设施要求

（1）大、中型幼儿园的儿童用房等场所，以及任意一层建筑面积大于1 500平方米或总建筑面积大于3 000平方米的其他儿童活动场所，应设置火灾自动报警系统。

（2）大、中型幼儿园应设置自动灭火系统，并宜采用自动喷水灭火系统。

（3）托儿所、幼儿园场所，消防相关的管道、设施及阀门等的布置，应避免幼儿碰撞，消火栓箱应暗装设置。单独配置的灭火器箱应设置在不妨碍通行处。

（4）幼儿经常通行和安全疏散的走道不应设有台阶。当有高差时，应设置防滑坡道，其坡度不应大于1：12。疏散走道的墙面距地面2米以下不应设有壁柱、管道、消火栓箱、灭火器、广告牌等突出物。

（5）防排烟系统设计应符合国家现行有关防火标准的规定，当需要设置送风口、排风口时，风口底边距地面应大于1.5米。

（6）儿童活动场所不应设置防火卷帘和射流型自动跟踪射流灭火系统。

4. 托儿所、幼儿园的建筑防火要求

（1）托儿所、幼儿园应布置在安全地点。工矿企业所设的托儿所、幼儿园应布置在生活区，远离生产厂房和仓库。如受条件限制，应至少与甲、乙类生产厂房保持至少50米的安全距离。

（2）托儿所、幼儿园一般宜单独建造，面积不应过大，其耐火等级不应低于三级。如果设在楼层建筑中，最好布置在底层；若必须布置在楼上时，三级耐火等级建筑不应超过2层，一、二级耐火等级建筑不应超过3层。居民建筑中的托儿所、幼儿园应用耐火极限不低于1小时的不燃烧体与其他部位隔开。

（3）托儿所、幼儿园不应设置在易燃建筑内，与易燃建筑的防火间距不得小于30米。

（4）托儿所、幼儿园的儿童用房不宜设在地下人防工程内。

（5）托儿所、幼儿园建筑的耐火等级、层数、长度、面积以及与其他民用建筑的防火间距，应符合有关规定。

（6）三级耐火等级的托儿所、幼儿园建筑的吊顶，应采用耐火极限不低于0.25小时的难燃烧体。

（7）托儿所、幼儿园内部的厨房、液化石油气储存间、杂品库房、烧水间应与儿童活动场所或儿童用房分开设置；若毗邻建造时，应用耐火极限不低于1小时的不燃烧材料与其隔开。

（8）托儿所、幼儿园室内装饰材料宜采用不燃或难燃材料，限制使用塑料制品。

5. 托儿所、幼儿园的设备防火要求

（1）托儿所、幼儿园的配电线路应符合建筑电气安装规程的要求。

（2）托儿所、幼儿园的儿童寝室内不能随便乱拉电线；禁止使用电炉、电熨斗等电热设备；电视机等要放在通风、散热良好的地方，使用和收看完电视后要切断电源，出现故障时，必须立即关机、停止使用；如果使用室外天线，一定要装接地线。

（3）微波炉、电冰箱等厨房电器设备，应配以专用电源供电板，加强管理。

（4）配置使用空调的托儿所、幼儿园，空调器应有接地线，周围不能堆放可燃物品，窗帘不能搭贴在空调器上，供电接线板和电表等应达到相应的负荷要求。

（5）托儿所、幼儿园应根据需要配备消防器材，并定期进行检查、更换，保证完好有效。规模较大的托儿所、幼儿园，应根据其整个建筑设计要求和重点部位防火要求，安装火灾自动报警系统和

自动灭火系统。

（6）照明灯具的高温表面靠近可燃物时，应采取隔热、散热等防火保护措施。若使用额定功率为 100 瓦或 100 瓦以上的白炽灯泡的吸顶灯、槽灯、嵌入式灯，其引入线应采用瓷管、石棉、玻璃丝等不燃材料作隔热保护。

（7）日光灯（包括镇流器）和超过 60 瓦的白炽灯，不应直接安装在可燃构件上。白炽灯与可燃物的距离应不小于 0.5 米。

（8）托儿所、幼儿园不准使用落地灯和台灯照明，灯泡不准用纸或其他可燃物遮光。

（9）电源开关、电闸、插座等距地面不应小于 1.3 米，灯头距地面一般不应小于 2 米，防止碰坏或儿童触摸而发生触电事故。

（二）中小学的消防安全管理

中小学校泛指对青少年实施初等教育和中等教育的学校，包括完全小学、非完全小学、初级中学、高级中学、完全中学、九年制学校等各种学校。其中，中小学校属于民用建筑中的公共建筑。

1. 中小学的建筑防火要求

中小学是指服务于小学一年级至高中三年级学生的教学场所。这类建筑的防火要求，要符合相关的标准。

（1）教室人数在 50 人以上的，其出入口要设置 2 个。位于地下一层和二层的安全出口、楼梯、通道等，每 100 人的净宽度要达 0.8 米（一、二级耐火等级）；位于地上一层和二层的安全出口、楼梯、通道等，每 100 人的净宽度要达 0.7 米（一、二级耐火等级）、0.8 米（三级耐火等级）、1.05 米（四级耐火等级）；位于地上三层的安全出口、楼梯、通道等，每 100 人的净宽度要达 0.8 米（一、二级耐火等级）、1.05 米（三级耐火等级）；位于地上四层和五层的安全出口、楼梯、通道等，每 100 人的净宽度要达 1.05 米（一、二级耐火等级）、1.3 米（三级耐火等级）。教室的内走道净宽度要大于 2.4 米。

（2）小学的教学房层高在四层以下，中学的教学房层高在五层以下。三级耐火等级的建筑不能超过 2 层，其吊顶要采用不燃建材。采用难燃建材的建筑，耐火等级要高于 0.25 小时。

（3）教学楼要与甲类和乙类仓库以及危险性较大的实验室保持至少 20 米的距离。

（4）图书馆、教学楼、实验楼等楼梯、安全通道，不能设置卷帘门、栅栏等影响安全疏散的设施。

2. 中小学校的消防设施要求

（1）学校建筑的室内消火栓系统，按照公共建筑的相关规定执行。其中，建筑高度大于 15 米或体积大于 10 000 立方米的办公建筑、教学建筑和其他单、多层民用建筑，设置室内消火栓系统。

（2）学校的室内消火栓箱不应采用普通玻璃门。

（3）学校建筑的应急照明疏散指示系统，按照公共建筑的相关规定执行。其中，疏散走道及楼梯口设置应急照明灯具及灯光疏散指示标志。

（4）中小学校建筑应设置灭火器。其中，学校宿舍学生住宿床位在 100 张及以上，按严重危险级配置灭火器。

（5）学校的电源插座回路、电开水器电源、室外照明电源均设置剩余电流动作保护器。

（6）宿舍严禁使用蜡烛、电炉等明火。

（7）每间宿舍均设置用电超载保护装置。

（8）宿舍设置有醒目的消防设施、器材、出口等消防安全标志。

（三）高等院校的消防安全责任和消防安全管理

1. 高等院校的消防安全责任

（1）学校法定代表人是学校消防安全责任人，全面负责学校消防安全工作，应履行下列消防安全职责：①贯彻落实消防法律、法规和规章，批准实施学校消防安全责任制、学校消防安全管理制度；②批准消防安全年度工作计划、年度经费预算，定期召开学校消防安全工作会议；③提供消防安全经费保障和组织保障；④督促开展消防安全检查和重大火灾隐患整改，及时处理涉及消防安全的重大问题；⑤依法建立志愿消防队等多种形式的消防组织，开展群众性自防、自救工作；⑥与学校二级单位负责人签订消防安全责任书；⑦组织制定灭火和应急疏散预案；⑧促进消防科学研究和技术创新；⑨法律、法规规定的其他消防安全职责。

微课：高等院校的消防安全责任

（2）分管学校消防安全的校领导是学校消防安全管理人，协助学校法定代表人负责消防安全工作，应履行下列消防安全职责：①组织制定学校消防安全管理制度，组织、实施和协调校内各单位的消防安全工作；②组织制订消防安全年度工作计划；③审核消防安全工作年度经费预算；④组织实施消防安全检查和火灾隐患整改；⑤督促落实消防设施、器材的维护、维修及检测，确保其完好有效，确保疏散通道、安全出口、消防车通道畅通；⑥组织管理志愿消防队等消防组织；⑦组织开展师生及其他员工消防知识、技能的宣传教育和培训，组织灭火和应急疏散预案的实施和演练；⑧协助学校消防安全责任人做好其他消防安全工作。其他校领导在分管工作范围内对消防工作负有领导、监督、检查、教育和管理职责。

（3）学校必须设立或者明确负责日常消防安全工作的机构（以下简称"学校消防救援机构"），配备专职消防管理人员。学校消防管理人员应履行下列消防安全职责：①拟订学校消防安全年度工作计划、年度经费预算，拟订学校消防安全责任制、灭火和应急疏散预案等消防安全管理制度，并报学校消防安全责任人批准后实施；②监督检查校内各单位消防安全责任制的落实情况；③监督检查消防设施、设备、器材的使用与管理，以及消防基础设施的运转，定期组织检验、检测和维修；④确定学校消防安全重点单位（部位）并监督指导其做好消防安全工作；⑤监督检查有关单位做好易燃易爆等危险品的储存、使用和管理工作，审批校内各单位动用明火作业；⑥开展消防安全教育培训，组织消防演练，普及消防知识，提高师生及其他员工的消防安全意识、扑救初起火灾和自救逃生技能；⑦定期对志愿消防队等消防组织进行消防知识和灭火技能培训；⑧推进消防安全技术防范工作，做好技术防范人员上岗培训工作；⑨受理驻校内其他单位在校内和学校、校内各单位新建、扩建、改建及装饰装修工程和公众聚集场所投入使用、营业前消防行政许可或者备案手续的校内备案审查工作，督促其

向消防救援机构进行申报，协助消防救援机构进行建设工程消防设计审核、消防验收或者备案以及公众聚集场所投入使用、营业前消防安全检查工作；⑩建立健全学校消防工作档案及消防安全隐患台账；⑪按照工作要求上报有关信息数据；⑫协助消防救援机构调查处理火灾事故，协助有关部门做好火灾事故处理及善后工作。

（4）学校二级单位和其他驻校单位应当履行下列消防安全职责：①落实学校的消防安全管理规定，结合本单位实际制定并落实本单位的消防安全制度和消防安全操作规程；②建立本单位的消防安全责任考核、奖惩制度；③开展经常性的消防安全教育、培训及演练；④定期进行防火检查，做好检查记录，及时消除火灾隐患；⑤按规定配置消防设施、器材并确保其完好有效；⑥按规定设置安全疏散指示标志和应急照明设施，并保证疏散通道、安全出口畅通；⑦消防控制室配备消防值班人员，制定值班岗位职责，做好监督检查工作；⑧新建、扩建、改建及装饰装修工程报学校消防救援机构备案；⑨按照规定的程序与措施处置火灾事故；⑩学校规定的其他消防安全职责。

（5）校内各单位主要负责人是本单位消防安全责任人，驻校内其他单位主要负责人是该单位消防安全责任人，负责本单位的消防安全工作。

（6）学生宿舍管理部门还应当履行下列消防安全职责：①建立由学生参加的志愿消防组织，定期进行消防演练；②加强学生宿舍用火、用电安全教育与检查；③加强夜间防火巡查，发现火灾立即组织扑救和疏散学生。

2. 高等院校的消防安全管理

（1）学校应当将下列单位（部位）列为学校消防安全重点单位（部位）：①学生宿舍、食堂（餐厅）、教学楼、校医院、体育场（馆）、会堂（会议中心）、超市（市场）、宾馆（招待所）、托儿所、幼儿园以及其他文体活动、公共娱乐等人员密集场所；②学校网络、广播电台、电视台等传媒部门和驻校内邮政、通信、金融等单位；③车库、油库、加油站等部位；④图书馆、展览馆、档案馆、博物馆、文物古建筑；⑤供水、供电、供气、供热等系统；⑥易燃易爆等危险化学物品的生产、充装、储存、供应、使用部门；⑦实验室、计算机房、电化教学中心和承担国家重点科研项目或配备有先进精密仪器设备的部位，监控中心、消防控制中心；⑧学校保密要害部门及部位；⑨高层建筑及地下室、半地下室；⑩建设工程的施工现场以及有人员居住的临时性建筑；⑪其他发生火灾可能性较大以及一旦发生火灾可能造成重大人身伤亡或者财产损失的单位（部位）。

重点单位和重点部位的主管部门，应当按照有关法律法规和相关规定履行消防安全管理职责，设置防火标志，实行严格消防安全管理。

（2）在学校内举办文艺、体育、集会、招生和就业咨询等大型活动和展览，主办单位应当确定专人负责消防安全工作，明确并落实消防安全职责和措施，保证消防设施和消防器材配置齐全、完好有效，保证疏散通道、安全出口、疏散指示标志、应急照明和消防车通道符合消防技术标准和管理规定，制定灭火和应急疏散预案并组织演练，并经学校消防救援机构对活动现场检查合格后方可举办。依法应当报请当地人民政府有关部门审批的，经有关部门审核同意后方可举办。

（3）学校应当按照国家有关规定，配置消防设施和器材，设置消防安全疏散指示标志和应急照明设施，每年组织检测维修，确保消防设施和器材完好有效。学校应当保障疏散通道、安全出口、消防车通道畅通。

（4）学校进行新建、改建、扩建、装修、装饰等活动，必须严格执行消防法规和国家工程建设消防技术标准，并依法办理建设工程消防设计审核、消防验收或者备案手续。学校各项工程及驻校内各单位在校内的各项工程消防设施的招标和验收，应当有学校消防救援机构参加。

（5）地下室、半地下室和用于生产、经营、储存易燃易爆、有毒有害等危险物品场所的建筑不得用作学生宿舍。生产、经营、储存其他物品的场所与学生宿舍等居住场所设置在同一建筑物内的，应当符合国家工程建设消防技术标准。学生宿舍、教室和礼堂等人员密集场所，禁止违规使用大功率电器，在门窗、阳台等部位不得设置影响逃生和灭火救援的障碍物。

（6）利用地下空间开设公共活动场所，应当符合国家有关规定，并报学校消防救援机构备案。

（7）学校消防控制室应当配备专职值班人员，持证上岗。

（8）学校购买、储存、使用和销毁易燃易爆等危险品，应当按照国家有关规定严格管理、规范操作，并制订应急处置预案和防范措施。学校对管理和操作易燃易爆等危险品的人员，上岗前必须进行培训，持证上岗。

（9）学校应当对动用明火实行严格的消防安全管理。禁止在具有火灾、爆炸危险的场所吸烟、使用明火；因特殊原因确需进行电、气焊等明火作业的，动火单位和人员应当向学校消防救援机构申办审批手续，落实现场监管人，采取相应的消防安全措施。作业人员应当遵守消防安全规定。

（10）学校内出租房屋的，当事人应当签订房屋租赁合同，明确消防安全责任。出租方负责出租房屋的消防安全管理。学校授权的管理单位应当加强监督检查。外来务工人员的消防安全管理由校内用人单位负责。

（11）发生火灾时，学校应当及时报警并立即启动应急预案，迅速扑救初起火灾，及时疏散人员。学校应当在火灾事故发生后2个小时内向所在地教育行政主管部门报告，较大以上火灾同时报教育部。

火灾扑灭后，事故单位应当保护现场并接受事故调查，协助消防救援机构调查火灾原因、统计火灾损失。未经消防救援机构同意，任何人不得擅自清理火灾现场。

（12）学校及其重点单位应当建立健全消防档案。

六、邮政企业、电信企业的消防安全管理

案例：2022年9月16日15时48分，位于湖南省长沙市芙蓉区某电信公司的长途电信枢纽楼发生火灾。此次火灾造成外墙过火面积约3 600平方米、室内过火面积约400平方米，无人员伤亡，直接财产损失共计791.36万元。

经调查认定，该电信公司的长途电信枢纽楼"9·16"火灾事故是一起因火源和可燃物管理不善引起的在社会面有较大影响的一般生产安全责任事故。

（一）邮政企业的消防安全管理

1. 邮件的收寄和投递

办理邮件收寄和投递的单位有邮政局、邮政所及邮政代办所等。这些单位分布在各省、市、地区、县城、乡镇和农村，负责办理本辖区邮件的收寄及投递。邮政局一般都设有营业室，邮件、包裹寄存室、封发室以及投递室等；辖区范围较大的邮政局还设有车库，库内存放的机动车，从数辆到数十辆不等。这些都有潜在的火灾危险性。在收寄和投递邮件中，应注意以下防火要求。

（1）严格生活用火的管理。在营业室的柜台内，邮件及包裹存放室以及邮件封发室等部位，要禁止吸烟；小型邮电所冬季如没有暖气采暖时，这些部位不得使用火盆、火缸，必要时可安装火炉，但在木地板上应垫砖，并加铁皮炉盘隔热及保护，炉体与周围可燃物保持不小于1米的距离，金属烟囱与可燃结构应保持50厘米以上的距离，上班时要有专人看管，工作人员离开或者下班时，应将炉火封好。

（2）包裹收寄要注意防火安全检查。包裹收寄的安全检查工序是邮政管理过程中的重要环节。为了避免邮件、包裹内夹带易燃、易爆危险化学品，负责收寄的工作人员必须认真负责、严格检查。包裹、邮件要开包检查，有条件的邮政局应采用防爆监测设备进行检查，防止混进的易燃、易爆危险品在运输、储存过程中引起着火或者爆炸。营业室内应悬挂宣传消防知识的标语、图片。

（3）机动邮运投递车辆应注意防火。机动邮运投递车辆除了应遵守有关防火要求外，还应要求司机及押运人员不准在驾驶室及邮件厢内吸烟，营业室及车库内不准存放汽油等易燃液体，车辆的修理及保养应在车库外指定的地点进行。

2. 邮件转运

各地邮政系统的邮件转运部门是将邮件集中、分拣、封发以及运输等集中于一体的邮政枢纽。在邮政枢纽内的各工序中，应注意下列防火要求。

（1）信件分拣。信件分拣工作对邮件的迅速、准确以及安全投递有着重要影响。信件分拣应在分拣车间（房）内进行，操作方法目前有人工与机械分拣2种。

手工分拣车间（房）的照明灯具和线路应固定安装，照明所需电源要设置室外总控开关与室内分控开关，以便停止工作时切断电源。照明线路布设应按照闷顶内的布线要求穿金属管保护，荧光灯的镇流器不能安装在可燃结构上。禁止在分拣车间（房）内吸烟和进行各种明火作业。

机械分拣车间分别设有信件分拣与包裹分拣设备，主要是信件分拣机和皮带输送设备等，除了有照明用线路外，还有动力线路。机械分拣车间除了应遵守信件分拣的有关防火要求之外，对电力线路、控制开关、电动机及传动设备等的安装使用，都应满足有关电气防火的要求。电器控制开关应安装在包铁片的开关箱内，并不得使邮包靠近，电动机周围要加设铁护栏，以避免可燃物靠近和人员受伤。

微课：邮件转运的防火要求

机械设备要定期检查维护，传动部位要经常加油润滑，最好选用润滑胶皮带，避免机械摩擦发热引起着火。

（2）邮件待发场地。邮件待发场地是邮件转运过程中邮件集中的场所。此场所一旦发生火灾，会造成很大的影响，所以要把邮件待发场地划为禁火区域，并设置明显的禁火标志。在此区域禁止吸烟和一切明火作业，严格控制外来人员及车辆的出入。邮件待发场地不应设于电线下面，不准拉设临时电源线。

（3）邮件运输。邮件运输是邮件传递过程中的一个重要环节，是在确保邮件迅速、准确、安全传递的基础上，根据不同运输特点，组织运输。

邮件运输的方式分为铁路、船舶、航空和汽车4种。铁路邮政车和船舶运输的邮件由邮政部门派专人押运，航空邮件交由班机托运。此类邮件运输要遵守铁路、交通以及民航部门的各项防火安全规定。汽车运输邮件，除了长途汽车托运外，还有邮政部门本身组织的汽车运输。当邮政部门用汽车运输邮件时，运输邮件的汽车应用金属材料改装车厢；用一般卡车装运邮件时，必须用篷布严密封盖，并提防途中飞火或者烟头落到车厢内，引燃邮件起火。邮件车要专车专用。在装运邮件时，禁止与易燃易爆化学危险品以及其他物品混装、混运。邮件运输车辆要根据邮件的数量配备应急灭火器材并不少于2具。通常情况下，装有邮件的重车不能停放在车库内，以防不测。

3. 邮政枢纽建筑

在大中城市，尤其是大城市，一般都兴建有现代化的邮政枢纽设施，集收、发于一体，这是邮政行业的重点防火单位。

邮政枢纽设施作为公共建筑，通常都采用多层或高层建筑，并建在交通方便的繁华地段。新建的邮政枢纽工程，在总体设计上应对建筑的耐火等级、防火分隔，安全疏散、消防给水和自动报警、自动灭火系统等防火措施认真予以考虑，并严格执行有关规定。对已经建成但以上防火措施不符合规定的，应采取措施逐步加以改善。

4. 邮票库房

邮票库房是邮政防火的重点部位，其库房的建筑不能低于一、二级耐火等级，并与其他建筑保持规定的防火间距或防火分隔，避免其他建筑物失火殃及邮票库房的安全。邮票库房的电器照明、线路敷设、开关的设置，都必须满足仓库电器规定的要求，并应做到人离电断。对邮票总额在50万元以上的邮票库房，还应安装火灾自动报警及自动灭火装置。对省级邮政楼的邮袋库，应当设置闭式自动喷水灭火系统。

（二）电信企业的消防安全管理

电信企业的内部联系十分密切，加之电信机房的各种设备价值昂贵，通信事务又不允许中断，如果遭受火灾，不仅会造成生命、财产损失，而且会导致整个通信电路或大片通信网的瘫痪。因此，做好电信企业的消防安全管理非常重要。

1.电信企业的火灾危险性

（1）电信建筑可燃物较多。电信建筑的火灾危险性主要在两个方面：一是原有老式建筑耐火等级比较低，在许多方面很难满足防火的要求，导致火险隐患非常突出；二是在一些新建筑中，由于使用性能特殊，机房里敷设管线、开凿孔洞较多，尤其是机房建筑中的间壁、隔音板、地板、吊顶等装饰材料和通风管道的保温材料，以及木制机台、电报纸条、打字蜡纸以及窗帘等，都是可燃物，一旦起火，将会迅速蔓延成灾。

（2）设备带电，易带来火种。安装有电话及电报通信设备的机房，不仅设备多、线路复杂，而且带电设备火险因素较多。这些带电设备，若发生短路或者接触不良等，都会造成设备上的电压变化，使导线的绝缘材料起火，并可能引燃周围可燃物；若遭受雷击或者架空的裸导线搭接在通信线路上，就会将高电压引到设备上，发生火灾；避雷引下线电缆、信号电缆距离过近也会给通信设备造成不安全因素；收、发信机的调压器是充油设备，若发生超负荷、短路、漏油、渗油或者遭雷击等，都有可能引起调压器起火或者爆炸；室内的照明、空调设备以及测试仪表等的电气线路，都有可能引起火灾；电信行业中经常用到电炉、电烙铁以及烘箱等电热器具，如果使用、管理不当，也会引燃附近的可燃物；动力输送设备、电气设备安装不合格，接地线不牢固或者超负荷运行等，也会造成火灾。

（3）设备维修、保养时使用易燃液体并有动火作业。电信设备经常需要进行维修及保养，但在维修保养中，经常要使用汽油、煤油以及酒精等易燃液体清洗机件。这类易燃液体在清洗机件、设备时极易挥发，遇火花就会引起着火、爆炸。在设备维修中，除了常用电烙铁焊接插头和接头外，有时还要使用喷灯和进行焊接、气割作业，此类明火作业随时都有导致火灾的危险。

2.电信企业的消防安全管理措施

（1）电信建筑。电信建筑的防火，除了必须严格执行相关规定外，还应在总平面布置上适当分组、分区。通常，主机房、柴油机房、变电室等组成生产区，食堂、宿舍以及住宅等组成生活区，生产区同生活区要用围墙分隔开。尤其是贵重的通信设备、仪表等，必须设在一级耐火等级的建筑物内。在设有机房的建筑内，不应设礼堂、歌舞厅、清洗间以及机修室。收发信机的调压设备（油浸式），不宜设在机房内，如由于条件所限必须设在同一层时，应以防火墙分隔成小间作调压器室，每间设的调压器的总容量不得大于400千伏。调压器室通向机房的各种孔洞、缝隙都应用不燃材料密封填塞，门窗不应开向人员集中的方向，并应设有通风、泄压和防尘、防小动物入内的网罩等设施。清洗间应为一、二级耐火等级的单独建筑，由于室内常用易燃液体清洗机件，其电气设备应符合防爆要求，易燃液体的储量不应大于当天的用量，盛装容器应为金属制作，室内严禁一切明火。

各种通风管道的隔热材料，应使用硅酸铝、石棉等不燃材料。通风管道内要设置自动阻火闸门。通风管道不宜穿越防火墙，必须穿越时，应用不燃材料把缝隙紧密填塞。建筑内的装饰材料，如吊顶、隔墙以及门窗等，均应采用不燃材料制作，建筑内层与表层之间的电缆及信号电缆穿过的孔洞、缝隙应采用不燃材料堵塞。竖向风道、电缆（含信号电缆）的竖井，不能采用可燃材料装修，检修门的耐火极限不应低于 0.6 小时。

（2）电信电器设备。

①电源线与信号线不应混在一起敷设，若必须在一起敷设时，电源线应穿金属管或采用铠装线。移动式测试仪表线、照明灯具的电线应采用橡胶护套线或者塑料线穿塑料套管。机房采用日光灯照明时，应有防止镇流器发热起火的措施。照明、报警以及电铃线路在穿越吊顶或者其他隐蔽地方时，均应穿金属管敷设，接头处要安装接线盒。

②机房、报房内禁止任意安装临时灯具和活动接线板，并不得使用电炉等电加热设备。若生产上必须使用时，则要经本单位保卫、安全部门审批。机房、报房内的输送带等使用的电动机，应安装在不燃材料上，并且加护栏保护。

③避雷设备应在每年雷雨季节到来前进行 1 次测试，对于不合格的要及时改进。避雷的地下线与电源线和信号线的地下线的水平距离，不应小于 3 米。应保持地下通信电缆与易燃易爆地下储罐、仓库之间规定的安全距离，通常地下油库与通信电缆的水平距离不应小于 10 米，20 吨以上的易燃液体储罐和爆炸危险性较大的地下仓库与通信电缆的安全距离应按照专业规范要求相应增大。

④供电用的柴油机发电室应和机房分开，独立设在一、二级耐火等级的建筑内，若不能分开时，须用防火墙隔开。供发电用的燃油，最多保持 1 天的用量。汽油或者柴油禁止存放在发电室内，而应存放在专门的危险品仓库内。配电室、变压器室、酸性蓄电池室以及电容器室等电源设施，必须确保安全。

（3）电信消防设施。电信建筑设施应安装室内消防给水系统，并且配置火灾自动报警和自动灭火系统。电信建筑内的机房和其他电信设备较集中的地方，应采用二氧化碳自动灭火系统或者"烟落尽"灭火系统，其余地方可以用自动喷水灭火系统。电信建筑的各种机房内，还应配备应急用的常规灭火器。

（4）电信企业日常的防火管理。

①要加强易燃品的使用管理。在日常的工作中，电信机房及报房内不得存放易燃物品，在临近的房间内存放生产中必须使用的少量易燃液体时，应严格限制其储存量。在机房、报房以及计算机房等部位，禁止使用易燃液体擦刷地板，也不得进行清洗设备的操作。若用汽油等少量易燃液体擦拭接点时，应在设备不带电的条件下进行。如果情况特殊必须带电操作，则应有可靠的防火措施；所用汽油要用塑料小瓶盛装，以避免其大量挥发；使用的刷子的铁质部分，应用绝缘材料包严，避免碰到设备而导致短路打火，引燃汽油而失火。

②要加强可燃物的管理。机房内要尽量减少可燃物，拖把、扫帚以及地板蜡等应放在固定的安全地点，在各种电气开关、插入式熔断器插座附近和下方，以及电动机、电源线附近不得堆放纸条及纸张等可燃物。

③要加强设备的维修。各种通信设备的保护装置及报警设备应灵敏可靠，要经常检查维修，如有

熔丝熔断，应及时查清原因，整修后再安装，切实确保各项设备及操作的安全。

④要加强对人员的管理。电信企业领导应把消防安全工作列入重要日程，切实加强日常的消防管理，配备一定数量的专、兼职消防管理人员，各岗位职工应全员进行消防安全培训，掌握必要的消防安全知识之后才可上岗操作。

七、重要办公场所的消防安全管理

案例：当地时间 2021 年 3 月 10 日，欧洲云计算巨头 OVH 位于法国莱茵省首府斯特拉斯堡的数据中心发生严重火灾，OVH 在该区域拥有的 4 个数据中心全部暂停服务。4 座数据中心中，1 座被完全烧毁，1 座的服务器损毁了三分之一。

办公场所是指用于工作的区域，通常是指企业、机构、学校等组织内部的办公室、会议室、图书馆、实验室、工作坊等区域。办公场所中的各种用品大都是可燃物，加上各种现代化的装修等又增加了火灾的危险性。近些年各地消防安全事故的发生，不仅给人民群众的生命财产安全造成严重威胁，并且破坏了社会秩序的稳定，产生不良的社会影响。因此，对这些场所做好消防安全管理工作至关重要，必须严格规范消防安全建设工作的程序，监督检查好相关消防设备的安装与使用，从而在最大程度上提高消防工作的应急处置能力，确保各类消防保护对象的安全，实现社会发展的和谐与稳定，为社会经济发展保驾护航。

（一）会议室的消防安全管理

办公楼通常都设有各种会议室，小则容纳几十人，大则可容纳数百人。大型会议室人员集中，而且参加会议者往往对大楼的建筑设施、疏散路线并不了解，一旦发生火灾，很容易出现群死群伤事故。

会议室的消防安全管理要求包括：①办公楼的会议室，其耐火等级不应低于二级，单独建的中、小会议室，最好用一、二级，不得低于三级，会议室的内部装修，尽量选用不燃材料；②容纳 50 人以上的会议室，必须设置 2 个安全出口，其净宽度不小于 1.4 米，门必须向疏散方向开启，并不能设置门槛，靠近门口 1.4 米内不能设踏步；③会议室内的疏散走道宽度应按照其通过人数（每 100 人不小于 60 厘米）计算，边走道净宽不得小于 80 厘米，其他走道净宽不得小于 1 米；④会议室疏散门、室外走道的总宽度，分别应按照平坡地面每 100 人不小于 65 厘米、阶梯地面每 100 人不小于 80 厘米计算，室外疏散走道净宽应不小于 1.4 米；⑤大型会议室座位的布置，横走道之间的排数不宜大于 20 排，纵走道之间每排座位不宜超过 22 个；⑥大型会议室应设置事故备用电源和事故照明灯具及疏散标志等；⑦每天会议进行之后，要对会议室内的烟头、纸张等进行清理、扫除，避免遗留烟头等火种而引起火灾。

（二）图书馆、档案馆的消防安全管理

图书馆是收集、整理、收藏和流通图书资料，供读者学习、参考、研究的文化机构；档案馆是收集、整理、保存、鉴定和提供重要档案资料的机要部门。

1. 图书馆、档案馆发生火灾的危险性

图书馆、档案馆储存的大量图书、报纸、杂志、档案、胶片等都是可燃物，而书架、档案架、柜、箱等很多为木制品，室内装饰又多为可燃材料，火灾危险性较大。

电器安装使用不当是图书馆、档案馆的主要火灾原因。比如，大功率碘钨灯烤着附近的布帘、纸张，引起燃烧；电气线路绝缘损坏，出现短路起火；工作人员以及前来查阅、索取资料的人吸烟、乱扔烟头或携带危险品，引发火灾。

2. 图书馆、档案馆的防火措施

建筑的耐火等级应采用一、二级。每座书库的建筑占地面积应按规定要求加以限制。图书馆、档案馆的阅览室不宜设在高层，耐火等级为一、二级的，应设在四层以下；耐火等级为三级的，应设在三层以下。

图书馆、档案馆内的复印、装订、照相、录像等部门不能与书库、档案库、阅览室布置在同一层内；若必须在同一层，应采取分隔措施。硝酸纤维底片资料不得储存在书库、档案库内，应设置独立的危险品库房。书库、档案库是重点部位，与其他房间之间应设耐火极限不低于4小时的不燃烧体防火隔墙，其内部分隔墙的耐火极限不低于1小时，书库、档案库与其他直接相通的门做成耐火极限不低于2小时的防火门，用于发书和发档案材料的门、窗应为耐火极限高于0.75小时的防火门、窗。

重要书库、档案库的书架、资料架等应采用不燃材料制成。2个书架之间的通道宽度应大于0.8米。主干线通道大于1～1.2米，贴墙通道可为0.5～0.6米。书库的安全出口不少于2个。

除了符合国家有关电气设备的设计、安装规定，电气线路全部采用加金属套管保护的铜芯线外，书库、档案库内宜采用距离可燃物50厘米以上的吸顶白炽灯泡照明，灯座位于走道上方；采用荧光灯时，为了防止镇流器过热起火，不能把灯架直接固定在可燃构件上；严禁用碘钨灯照明以及在库房内使用各种家用电器、设置配电盘；人离开时，必须切断电源。

严禁在图书馆、档案馆、阅览室等处吸烟。

图书馆、档案馆应按相关规定安装消防给水和固定灭火装置，配备相适应的灭火器。大型图书馆、档案馆应安装火灾自动报警系统，重要的书库、档案库还应安装相适应的自动灭火装置。

（三）电子计算机房的消防安全管理

电子计算机系统价格昂贵，机房平均每平方米的设备费用高达数万元甚至数十万元。一旦失火成灾，不仅会造成巨大的经济损失，并且因为信息、资料数据的破坏，会给有关的管理、控制系统产生严重影响，后果不堪设想。因此，加强电子计算机房的消防安全管理显得非常必要和紧迫。

1. 电子计算机房的火灾危险性

（1）通常为保持电子计算机房的恒温和洁净，建筑物内部需要用相当数量的木材、胶合板及塑料板等可燃材料建造或装饰，这使建筑物本身的可燃物增多，耐火性能相应降低，极易引燃成灾。

（2）空调系统的通风管道使用聚苯乙烯泡沫塑料等可燃材料进行保温，若保温材料靠近电加热器，长时间受热就会起火。

（3）计算机中心的电缆竖井、电缆管道及通风管道等系统未按规定独立设置和进行防火分隔，易导致外部火灾的引入或内部火灾蔓延。

（4）机房内电气设备和电路很多，以下行为可能引发火灾：①电气设备和电线选型不合理或安装质量差；②违反规定乱拉临时电线或任意增设电气设备；③电炉、电烙铁用完后不拔插头，造成长时间通电或与可燃物接触而没有采取隔热措施；④日光灯镇流器和闷顶或活动地板内的电气线路缺乏检查维修；⑤电缆线与主机柜的连接松动，造成接触电阻过大等。

（5）电子计算机需要长时间连续工作，由于设备质量不好或元器件发生故障等原因，有可能造成绝缘被击穿，稳压电源短路或高阻抗元件因接触不良，接触点过热而起火。

（6）机房内工作人员穿涤纶、腈纶等服装或聚氯乙烯拖鞋，容易产生静电火花。

（7）用过的纸张、清洗剂等可燃物品未能及时清理，或使用易燃清洗剂擦拭机器设备及地板等，遇电气火花、静电放电火花等火源而起火。

（8）没有配备轻便灭火器材，未按规范要求设计安装火灾自动报警、自动灭火等消防设施，或消防设施出现故障，以致在起火时不能及时发现和采取应急措施，致使火灾蔓延、扩大。

2. 电子计算机房的防火措施

（1）选址。独立设置的电子计算机中心，在选址时应注意以下几个方面：①远离散发有害气体及生产、储存腐蚀性物品和易燃易爆物品的地方，或建于其上风方向；②避免设于落雷区、矿山"采空区"，以及杂填土、淤泥、流沙层、地层断裂段，或地震活动频繁的地区和低洼潮湿的地方；③尽量建立在电力、水源充足，自然环境清洁，交通运输方便的区域；④尽量避开强电磁场的干扰，远离强振动源和强噪声源。

微课：电子计算机房的防火措施

（2）建筑构造。新建、改建或者扩建的电子计算机中心，其建筑物的耐火等级不应低于一、二级，主机房与媒体存放间等要害部位应为一级。安装电子计算机的楼层不宜超过5层，不应安装于地下室内，不应布置在燃油、燃气锅炉房，油浸电力变压器室、充有可燃油的高压电器以及多油开关室等易燃易爆房间的上、下层或者贴近布置，应与建筑物的其他房间用防火墙（门）及楼板分开。房间外墙、间壁和装饰，要用不燃或者阻燃材料建造，计算机主机房和媒体存放间的防火墙或隔板应从建筑物的地板起直到屋顶，将其完全封闭。信息储存设备要安装于单独的房间，室内应配有不燃材料制成的资料架及资料柜。电子计算机主机房应设有2个以上安全出口，门应向外开启。

（3）空调系统。大中型计算机中心的空调系统应与其报警控制系统实行联动控制，其风管及其保温材料、消声材料和黏结剂等，均应采用不燃或难燃材料。当风管内设有电加热器时，电加热器的开关与通风机开关也应联锁控制。通风、空调系统的送、回风管道通过机房的隔墙和楼板处应设防火阀，既要有手动装置，又应设置易熔片或其他感温、感烟等控制设备。当管内温度超过正常工作的最高温度25℃时，防火阀应顺气流方向严密关闭，并应有附设单独支吊架等防止风管变形而影响关闭的措施。

（4）电器设备。电子计算机中的电器设备应特别注意以下防火要求。

①电缆竖井和其电管道竖井在穿过楼板时，必须用耐火极限不低于1小时的不燃体隔板分开。水

平方向的电缆管道及其电管道在穿过机房大楼的墙壁时，也要设置耐火极限不低于0.75小时的不燃体隔板分开。电缆和其电管道穿过隔墙时，应用金属套管引出，缝隙用不燃材料密封填实。机房内要预先开设电缆沟，以便分层铺设信号线、电源线、电缆线地线等，电缆沟要采取防潮和防鼠咬的措施，电缆线与机柜的连接要有锁紧装置或采用焊接加以固定。

②大中型电子计算机中心应当建立不间断供电系统或自备供电系统。对于24小时内要求不间断运行的电子计算机系统，要按一级负荷采取双路高压电源供电。电源必须有2个不同的变压器，以2条可交替的线路供电。供电系统的控制部分应靠近机房并设置紧急断电装置，做到供电系统远距离控制，一旦系统出现故障，能够较快地切断电源。为了保证安全稳定供电，计算机系统的电源线路上不得接有负荷变化的空调系统及电动机等电气设备，其供电导线截面不应小于2.5平方毫米并采用屏蔽接地。

③弱电线路的电缆竖井宜与强电线路的电缆竖井分开设置，若受条件限制必须合用时，弱电与强电线路应分别布置在竖井两侧。

④计算机房和已记录的媒体存放间应设事故照明，其照度在距地面0.8米处不应低于5勒克斯。主要通道及有关房间应设事故照明，其照度在距地面0.8米处不应低于1勒克斯。事故照明可采用蓄电池作备用电源，连续供电时间不应少于20分钟，并应设置玻璃或其他不燃材料制作的保护罩。卤钨灯和额定功率为100瓦及100瓦以上的白炽灯泡的吸顶灯、槽灯、嵌入式灯的引入线应穿套瓷管，并用石棉、玻璃丝等不燃材料作隔热保护。

⑤电器设备的安装和检查维修及重大改线和临时用线，要严格执行国家的有关规定和标准，由正式电工操作安装。严禁使用漏电的烙铁在带电的机柜上焊接。信号线要分层、分排整齐排列。蓄电池房应靠外墙设置，并加强通风，其电器设备应符合有关防火的要求。

（5）防雷、防静电保护。机房外面应设有良好的防雷设施。计算机交流系统工作接地和安全保护接地电阻均不宜大于4欧姆，直流系统工作接地的接地电阻不宜大于1欧姆。计算机直流系统工作接地极与防雷接地引下线之间的距离应大于5米，交流线路走线不应与直流地线紧贴或平行敷设，更不能相互短接或混接。机房内宜选用具有防火性能的抗静电活动地板或水泥地板，以消除静电。有关防雷和消除静电的具体措施，应符合有关规范和标准。

（6）消防设施的设置。大中型电子计算机中心应设置火灾自动报警和自动灭火系统。自动报警和自动灭火系统主要设置在计算机机房和已记录的媒体存放间。火灾自动报警和自动灭火系统的设备，应选用经国家有关产品质量监督检测单位检验合格的产品。大中型电子计算机中心宜配套设置消防控制室，并应具有接受火灾报警，发出起火的声、光信号及事故广播和安全疏散指令，控制消防水泵、固定灭火装置、通风空调系统、电动防火门、阀门、防火卷帘及防排烟设施和显示电源运行情况等功能。

（7）日常的消防安全管理。计算机中心应注意抓好日常的消防安全管理工作，严禁存放腐蚀品和易燃危险品。维修过程中，应尽量避免使用汽油、酒精、丙酮、甲苯等易燃溶剂，若确因工作需要必须使用时，则应采取限量的办法，每次带入量不得超过100克，随用随取，并严禁使用易燃品清洗带电设备。维修设备时，必须先关闭设备电源再进行作业。维修中使用的测试仪表、电烙铁、吸尘器等用电设备，用完后应立即切断电源，存放到固定地点。机房及媒体存放间等重要场所应禁止吸烟和随意动火。计算机中心应配备轻便的灭火器，并放置在显要且便于取用的地点。工作人员必须实行全员安全教育和培训，掌握必要的防火常识和灭火技能，并经考试合格才能上岗。值班人员应定时巡回检查，发现异常情况，及时处理和报告；处理不了时，要停机检查，排除隐患后才可继续开机运行，并将巡视检查情况做好记录。要定期检查设备运行状况及技术和防火安全制度的执行情况，及时分析故障原因并积极进行修复。要切实落实可靠的防火安全措施，确保计算机中心的使用安全。

各办公场所对其他火灾危险性大的部位，如物资仓库、易燃易爆危险品的储存、使用，汽车库、电气设备、礼堂等都应列为重点，加强防火管理。

思考与练习

1. 施工现场设置临时消防车道应符合哪些规定？
2. 简述集贸市场的火灾隐患及消防安全管理的措施。
3. 简述宾馆、饭店的火灾隐患及消防安全管理的措施。
4. 托儿所、幼儿园的建筑防火要求有哪些？

职业技能训练

活动 1：分组讨论不同场所的火灾危险性及相应的防火措施

1. 分组要求：全班分为 5 个小组，每组控制在 8～10 人。
2. 讨论内容：不同场所火灾的危险性。
3. 活动成果：以小组为单位写出相应的防火措施。

活动 2：施工现场的消防安全管理

2023 年 4 月 18 日 12 时 50 分，北京市丰台区某医院发生重大火灾事故，造成 29 人死亡、42 人受伤，直接经济损失 3 831.82 万元。通过视频分析、现场勘验、检测鉴定及模拟实验分析，认定了事故直接原因。该医院改造工程施工现场，施工单位违规进行自流平地面施工和门框安装切割交叉作业，环氧树脂底涂材料中的易燃易爆成分挥发、形成爆炸性气体混合物，遇角磨机切割金属净化板产生的火花发生爆燃；引燃现场附近可燃物，产生的明火及高温烟气引燃楼内木质装修材料，部分防火分隔未发挥作用，固定消防设施失效，致使火势扩大、大量烟气蔓延；加之初期处置不力，未能有效组织高楼层患者疏散转移，造成重大人员伤亡。

分析：

1. 如何加强施工现场的消防安全管理？
2. 根据此次事故教训，如何做好医院重点部位的消防安全管理措施？